国家出版基金项目
NATIONAL PUBLICATION FOUNDATION

Library of Western Classical Architectural Theory

西方建筑理论经典文库

言入空谷

路斯 1897—1900 年文集

[奥地利] 阿道夫·路斯 著

范 路 译

国家出版基金项目
NATIONAL PUBLICATION FOUNDATION

Library of Western Classical Architectural Theory

西方建筑理论经典文库

A

言入空谷

路斯 1897—1900 年文集

[奥地利] 阿道夫·路斯 著

范路 译

中国建筑工业出版社

2013年度国家出版基金项目

图书在版编目（CIP）数据

言入空谷：路斯1897—1900年文集／（奥）路斯著；范路译. —北京：
中国建筑工业出版社，2014.12
（西方建筑理论经典文库）
ISBN 978-7-112-17211-5

Ⅰ.①言… Ⅱ.①路…②范… Ⅲ.①建筑学-文集 Ⅳ.①TU-53

中国版本图书馆 CIP 数据核字（2014）第196027号

INS LEERE GESPROCHEN 1897—1900

Copyright © 1921 by The Georges cré & cie.

Chinese Translation Copyright © 2014 China Architecture & Building Press

丛书策划

清华大学建筑学院 吴良镛 王贵祥
中国建筑工业出版社 张惠珍 董苏华

责任编辑：董苏华 戚琳琳
责任设计：陈 旭 付金红
责任校对：李欣慰 姜小莲

西方建筑理论经典文库
言入空谷：路斯 1897—1900 年文集
[奥地利] 阿道夫·路斯 著
范 路 译
*
中国建筑工业出版社出版、发行（北京西郊百万庄）
各地新华书店、建筑书店经销
北京嘉泰利德公司制版
北京顺诚彩色印刷有限公司印刷
*
开本：787×1092毫米 1/16 印张：9½ 字数：334千字
2014 年 12 月第一版 2014 年 12 月第一次印刷
定价：**40.00**元
ISBN 978-7-112-17211-5
 （25858）

目录

7　　中文版总序　吴良镛

12　　阿道夫·路斯及其现代建筑宣言　范路

28　　第一版前言　阿道夫·路斯

1　　1897 年载于《时代》周刊的文章

2　　应用艺术学院的学院展览会

5　　奥地利博物馆的圣诞节展览会

9　　1897 年载于《天平》的文章

10　　艺术与手工艺评论（一）

13　　艺术与手工艺评论（二）

15　　奥地利博物馆中的英国学校

19　　1898 年载于《新自由报》的文章

20　　皮革制品与金银匠的商品

23　　男式时装

26　　新风格与青铜器行业

29　　室内：序幕

33　　圆顶大厅室内

37　　坐用家具

41　　玻璃与陶土制品

45　　豪华车

49　　水管工

52　　男式帽子

55 鞋子

59 鞋匠

63 女式时装

67 建筑材料

70 饰面原则

74 内衣

79 家具

82 1898 年的家具

85 印刷工

87 反对英国风格（霍夫拉特·冯·斯卡拉）的战斗发表于《新自由报》

88 奥地利博物馆的冬季展览会

92 参观奥地利博物馆

95 1898 年载于《天平》的文章

96 维也纳的斯卡拉戏剧

103 1900 年载于《新维也纳日报》的文章

104 我与梅尔巴同台演出

109 可怜的小富人

113 第二版新增加的文章

115 波坦金城

117 后记

119 译后记

中文版总序

"西方建筑理论经典文库"系列丛书在中国建筑工业出版社的大力支持下，经过诸位译者的努力，终于开始陆续问世了，这应该是建筑界的一件盛事，我由衷地为此感到高兴。

建筑学是一门古老的学问，建筑理论发展的起始时间也是久远的，一般认为，最早的建筑理论著作是公元前1世纪古罗马建筑师维特鲁威的《建筑十书》。自维特鲁威始，到今天已经有2000多年的历史了。近代、现代与当代中国建筑的发展过程，无论我们承认与否，实际上是一个由最初的"西风东渐"，到逐渐地与主流的西方现代建筑发展趋势相交汇、相合流的过程。这就要求我们在认真地学习、整理、提炼我们中国自己传统建筑的历史与思想的基础之上，也需要去学习与了解西方建筑理论与实践的发展历史，以完善我们的知识体系。从维特鲁威算起，西方建筑走过了2000年，西方建筑理论的文本著述也经历了2000年。特别是文艺复兴之后的500年，既是西方建筑的一个重要的发展时期，也是西方建筑理论著述十分活跃的时期。从15世纪至20世纪，出现了一系列重要的建筑理论著作，这其中既包括15至16世纪文艺复兴时期意大利的一些建筑理论的奠基者，如阿尔伯蒂、菲拉雷特、帕拉第奥，也包括17世纪启蒙运动以来的一些重要建筑理论家和18至19世纪工业革命以来的一些在理论上颇有建树的学者，如意大利的塞利奥；法国的洛吉耶、布隆代尔、佩罗、维奥莱－勒－迪克；德国的森佩尔、申克尔；英国的沃顿、普金、拉斯金，以及20世纪初的路斯、沙利文、赖特、勒·柯布西耶等。可以说，西方建筑的历史就是伴随着这些建筑理论学者的名字和他们的论著，一步一步地走过来的。

在中国，这些西方著名建筑理论家的著述，虽然在有关西方建筑史的一般性著作中偶有提及，但却多是一些只言片语。在很长一个时期中，中国的建筑师与大学建筑系的教师与学生们，若希望了解那些在建筑史的阅读中时常会遇到的理论学者的著作及其理论，大约只能求助于外文文本。而外文阅读，并不是每一个人都能够轻松胜任的。何况作为一个学科，或一门学问，其理论发展过程中的重要原典性历史文本，是这门学科发展历史上的精髓所在。所以，一些具有较高理论层位的经典学科，对于自己学科发展史上的重要理论著作，不论其原来是什么语种的文本，都是一定要译成中文，以作为中国学界在这一学科领域的背景知识与理论基础的。比如，哲学史、美学史、艺术哲学，或一般哲学社会科学史上西方一些著名学者的著述，几乎都有系统的中文译本。其他一些学科领域，也各有自己学科史上的重要理论文本的引进与译介。相比较起来，建筑学科的经典性历史文本，特别是建筑理论史上一些具有里程碑意义的重要著述，至今还没有完整而系统的中文译本，这对于中国建筑教育界、建筑理论界与建筑创作界，无疑是一件憾事。

在几年前的一篇文章中，我特别谈到了建筑创作要"回归基本原理"（Back to the basic）的概念，这是一位西方当代建筑理论学者的观点。对于这一观点我是持赞成态度的。那么，什么是建筑的基本原理？怎样才能够理解和把握这些基本原理？如何将这些基本原理应用或贯穿于我们当前的建筑思维或建筑创作之中呢？要了解并做到这一点，尽管有这样或那样的可能途径，但其中一个重要的途径，就是要系统地阅读西方建筑史上一些著名建筑理论学者与建筑师的理论原著。从这些奠基性和经典性的理论著述中，结合其所处时代的建筑发展历史背景，去理解建筑的本义，建筑创作的原则，建筑理论争辩的要点等等，从而深化我们自己对于当代建筑的深入思考。正是为了满足中国建筑教育、建筑历史与理论，以及建筑创作领域对西方建筑理论经典文本的这一基本需求，我们才特别精选了这一套书籍，以清华大学建筑学院的教师为主体，进行了系统的翻译研究工作。

当然，这不是一个简单的文字翻译。因为这些重要理论典籍距离我们无论在时间上还是在空间上，都十分遥远，尤其是普通读者，对于这些理论著作中所涉及的许多西方历史与文化上的背景性知识知之不多，这就需要我们的译者，在准确、清晰的文字翻译工作之外，还要格外地花大气力，对于文本中出现的每一位历史人物、历史地点及历史建筑等相关的背景性知识逐一地进行追索，并尽可能地为这些人名、地名与事件加以注释，以方便读者的阅读。这就是我们这套书除了原有的英文版尾注之外，还需要大量由中译者添加的脚注的原因所在。而这也从另外一个侧面，增加了本书的学术深度与阅读上的知识关联度。相信面对这套书，无论是一位希望加强自己理论素养的建筑师，或建筑学子，还是一位希望在西方历史与文化方面寻求学术营养的普通读者，都会产生极其浓厚的阅读兴趣。

中国建筑的发展经历了 30 年的建设高潮时期，改革开放的大潮，催生出了中国历史上前所未有的建造力，全国各地都出现了蓬蓬勃勃的建设景观。这样伟大的时代，这样宏伟的建造场景，既令我们兴奋不已，也常常使我们惴惴不安。一方面是新的城市与建筑如雨后春笋般每日每时地破土而出，另外一个方面，却也令我们看到了建设过程中的种种不尽如人意之处，如对土地无节制的侵夺，城市、建筑与环境之间矛盾的日益突出，大量平庸甚至丑陋建筑的不断冒出，建筑耗能问题的日益尖锐，如此等等。

　　与建筑师关联比较密切的是建筑创作问题，就建筑创作而言，一个突出的问题是，一些投资人与建筑师满足于对既有建筑作品的模仿与重复，按照建筑画册的样式去要求或限定建筑师的创作。这样做的结果是，街头到处充斥的都是似曾相识的建筑形象，更有甚者，不惜花费重金去直接模仿欧美 19 世纪折中主义的所谓"欧陆风"式的建筑式样。这不仅反映了我们的一些建筑师在建筑创作上缺乏创新，尤其是缺乏对中国本土文化充分认知与思考基础上的创新，这也在一定程度上反映了，在这个大规模建造的时代，我们的建筑师在建筑文化的创造上，反而显得有点贫乏与无奈的矛盾。说到底，其中的原因之一，恐怕还是我们的许多建筑师，缺乏足够的理论素养。

　　当然，建筑理论并不是某个可以放之四海而皆准的简单公式，也不是一个可以包治百病的万能剂，建筑创作并不直接地依赖某位建筑理论家的任何理论学说。何况，这里所译介的理论著述，都是西方建筑发展史中既有的历史文本，其中也鲜有任何直接针对我们现实创作问题的理论阐释。因此，对于这些理论经典的阅读，就如同对于哲学史、艺术史上经典著作的阅读一样，是一个历史思想的重温过程，是一个理论营养的汲取过程，也是一个在阅读中对现实可能遇到的问题加以深入思考的过程。这或许就是我们的孔老夫子所说的"温故而知新"的道理所在吧。

　　中国人习惯说的一句话是"开卷有益"，也有一说是"读万卷书，行万里路"。现在的资讯发达了，人们每日面对的文本信息与电子信息，已呈爆炸的趋势。因而，阅读就要有所选择。作为一位建筑工作者，无论是从事建筑理论、建筑教育，或是从事建筑历史、建筑创作的人士，大约都在"建筑学"这样一个学科范畴之下，对于自己专业发展历史上的这些经典文本，在杂乱纷繁的现实生活与工作之余，挤出一点时间加以细细地研读，在阅读的愉悦中，回味一下自己走过的建筑之路，静下心来思考一些问题，无疑是大有裨益的。

吴良镛

中国科学院院士
中国工程院院士
清华大学建筑学院教授
2011 年度国家最高科学技术奖获得者

阿道夫·路斯及其现代建筑宣言

范路

在现代建筑运动中，阿道夫·路斯（Adolf Loos）是一个独特的人物，人们对他的态度总是矛盾的。他既不同于保守派，也同当时著名的维也纳分离派和德意志制造联盟观点相左。他于 1908 年发表的著名文章《装饰与罪恶》被先锋派广为引用，成为现代建筑的宣言之一。而路斯的其他一些基本观念，如饰面原则、推崇古典主义等却与主流现代主义建筑观念不同。威尼斯学派的塔夫里（Manfredo Tafuri）将路斯看作"非先锋的现代古典主义者"；[①]而英国建筑历史学家佩夫斯纳（Nikolaus Pevsner）认为路斯在现代建筑历史中是一个含混、矛盾，甚至谜一般的人物。一般来说，路斯往往被看作是从传统向现代，从 19 世纪末的分离派向 20 世纪初先锋现代主义发展过程中的过渡性人物。

随着近期西方学术界的大量的研究，人们逐渐认识到路斯理论和创作的深刻性。在当时文化危机中的欧洲，路斯不仅是一个积极革新的建筑师和理论家，他同时还是一个文化批评家。他对当时社会文化的认识应与本雅明（Walter Benjamin）、维特根斯坦（Ludwig Wittgenstein）等人在同一个层面。路斯复杂、矛盾的建筑理论和创作如果从他文化批判的视野来解读则要清晰、合理得多。同时，随着现代主义危机和后现代主义文化思潮的兴起，人们逐渐发现以往现代主义建筑历史中线性发展观的局限性。而路斯独特的文化批判和建筑策略为人们提供了建筑现代性认识的新视野。所以现代主义者和后现代主义者都把路斯看作自己的思想来源之一。

路斯的所有文章中，《装饰与罪恶》是激进且最著名的。但由于种种原因，西方早期的研究和我国的建筑界都仅把该文看作一个激进的纯粹主义宣言和在现代建筑中消除装饰的开端，该文也成为路斯的代名词。然而，路斯真是简单地认为装饰就是罪恶？那么又如何解释他常常在室内设计和公共建筑立面上使用装饰？因此，本篇围绕《装饰与罪恶》展开讨论。

首先，本篇通过生平简介，揭示了路斯作为建筑师、理论家和文化批评家的多重身份，

---

① 参见塔夫里《现代建筑》第 7 章。曼弗雷多·塔夫里等 . 现代建筑 [M]. 刘先觉等译 . 北京：中国建筑工业出版社，2000. 第 90~105 页。

及其独特而深刻的文化批判视野。以此为背景,本篇分析了《装饰与罪恶》一文的产生过程、文化背景、思想来源、误读原委,以及深层内容。最后,本篇还讨论了路斯与之相关的三个建筑策略——反总体艺术、饰面原则和体积规划。

多重身份和文化批判视野

成长历程

阿道夫·路斯(Adolf Franz Karl Viktor Maria Loos),1870 年 12 月 10 日生于当时奥匈帝国的摩尔达维亚的布尔诺市。[①]他的父亲曾经学习过园艺和雕塑,是一个雕塑师和石匠。然而在 1879 年——路斯 9 岁时,他就去世了。路斯 12 岁时,他的听力出现了问题,而且此后每况愈下,直到临终前完全失聪。

路斯于 1884 年进入布尔诺的高中进行学习,但由于没能通过二月份的考试而很快离开。然后他进入一所手工艺学校,成为一个技师。后来,他为了参与一个建造技术的项目而很快离开,并于 1889 年在布尔诺完成了另一个机械建造项目。正是从那时起,他决定学习建筑。同年,他进入德国德累斯顿的高级技术学校学习了两个学期。在完成兵役后,他到维也纳的美术学院(Academy of Beaux Arts)学习。最后,他于 1892 年回到德累斯顿,试图完成 3 年前开始的学业,然而未能如愿。路斯的学习成绩普普通通。然而他在手工艺学校当学徒的经历却使他与学院派建筑师极为不同。他能够和手工艺者和泥瓦匠交流,并能了解和评价他们传统手艺的价值。

当时的欧洲建筑师在完成学业后一般都会去希腊和意大利进行游历。除了去南欧,路斯还游历了美国,成为最早去美洲新大陆考察的欧洲建筑师之一。1893 年,他不顾家庭的反对,去参观了芝加哥的世界博览会。路斯在美国的这段时间过得相当贫穷,他干过各种与建筑设计不相干的工作,如砖瓦匠、理发师助手,他甚至还在厨房打过杂。然而这次美洲之旅却对路斯的一生有着重要的影响。在当时日趋衰落的奥匈帝国,路斯对限制和保守的气氛感到压抑,而他发现只有在新大陆——美国,才能获得理想和自由,才有可能实现一切。当时,年轻的路斯对美国的摩天楼、公共建筑和充满活力的社会记忆深刻。他发现了一种源自希腊的工程师的古典精神,一种将日常用品的实用性和美学相结合的精神。尽管他没有遇到阿德勒和沙利文,但芝加哥学派已对他产生了不可磨灭的影响。从那时起,美国当时强调实用、创新的精神和希腊复兴中体现的古典精神共同存在于路斯的记忆中,并贯穿其一生的探索。[②]

---

① 布尔诺市在原捷克共和国境内,距维也纳 100 公里。
② 路斯在后来的服装设计、建筑设计和室内设计中,都十分推崇美国和英国的风格。

作为教育家

上述的学习、成长经历使得路斯非常重视在实地考察和具体实践中了解、把握建筑。所以路斯是一个停不下来的人，他喜欢在具体的环境中理解建筑的历史。他旅居过欧洲许多城市。在这个层面上，他属于整个欧洲而并非仅仅是奥地利。而在建筑师社会角色这个问题上，路斯认为建筑师根本不是阿尔伯蒂（Alberti）式的创造者，而应该是"一个学习过拉丁文的泥瓦匠"。他推崇帕拉第奥（Palladio）和维特鲁威（Vitruvius），并把《建筑十书》看作他的圣经。他曾为自己拥有该书的意大利文第一版而感到非常骄傲。

这种重视现场和实践的特点还体现在路斯后来的建筑教育中。1912年，在没有任何官方支持的情况下，路斯开办了自己建筑学校。他的教学包括两部分：一部分古典色彩很浓的对过去风格的学习；而另一部分是通过过去寻找新的风格。路斯认为在19世纪的欧洲，人们放弃了传统，而他则试图使之复兴。因为在路斯眼里，现在是建立在过去的基础上，就像过去是建立在它的过去一样。路斯常常在现场进行教学。他在维也纳的中心区——那些有大量历史建筑可供引用的地方，开设讨论课。此外，他的课程计划还包括每年一次去希腊和意大利的长途旅行，好让学生在实地感受那些古典主义的伟大作品。这项计划由于第一次世界大战而中断，然而于1919年在路斯事务所内得到恢复。当时著名的建筑师，如诺伊特拉（Richard Neutra）、辛德勒（Rudolf Schindler）等都参加了路斯的学校并深受其影响。

维也纳的文化批评家

1896年从美国回到维也纳后，路斯为维也纳媒体撰写了大量观点尖锐的批评文章，并很快引起人们的关注。他的文章内容广泛，从服饰到音乐，涉及当时社会生活的各个方面。在文章中，他批判霍夫曼（Josef Hoffmann）、奥尔布里奇（Joseph M. Olbrich）等分离派的建筑师，他还批判德意志制造联盟、保守伪善的维也纳资产阶级以及建筑师的地位优越。

路斯是当时维也纳知识分子圈子里的重要角色。他和哲学家维特根斯坦、画家科柯施卡（Oscar Kokoschka）、文学家克劳斯（Karl Kraus）以及音乐家勋伯格（Arnold Schönberg）等人居住在同一个城市，并由于友谊经常在咖啡馆里聚会，进行讨论和辩论。路斯大部分的文章和评论都是在这种讨论中形成。1903年，他出版了两期短命的杂志《另类》（Das Andere）（图1）。该杂志的副标题意味深长地叫做《一本把西方文明介绍奥地利的期刊》，而这几乎是由他一个人写成。他在其中讨论了他同时代人的日常生活，并且无情地批判了他们。作为维也纳大多数艺术活动的参与者，路斯坚定地支持新的艺术表现形式。

20世纪初的维也纳，学院主义、感观主义和新艺术运动已经明显衰落。而1918年奥匈帝国的突然瓦解加深了文化的危机。尽管各自独立且没有成立什么组织或发表什么宣言，路斯等文化知识分子对社会和文化的批判却是相似的。他们反对资产阶级虚假世故，反对任意使用虚假错误的东西，因为这些都是社会欺骗性本质的体现。他们开始寻找一种"真实性"，而他们的批判也融和了伦理和美学。

在路斯的那个时期，哲学和艺术中都充满了去除装饰的看法——一种对赤裸、冷峻的形式的选择和对清醒、精确态度的偏好。而从1898年起，路斯强烈地反对分离派那种隐藏材料和滑稽地模仿古代的装饰做法，并声称这是现代建筑师需要解决的当务之急。路斯相信一个为了掩盖其空洞和精神贫乏而充满欺骗的社会是悲惨的，而当时的维也纳就像一座贵族熔炉的"波坦金城"。

图1 《另类》杂志封面
资料来源：Janet Stewart, *Fashioning Vienna*.

建筑师生涯

从美国回到维也纳后，路斯除了写批评文章，还积极投身建筑实践。他一开始为维也纳工艺技术学校的结构教授兼建筑师梅勒德（Karl Mayreder）工作，但很快就自己开业。然而在很长一段时间里，他的主要项目是各种商店、咖啡馆以及公寓的室内设计和改造（文后64页、第80页）。即使在今后的大型建筑作品中，路斯依然延续着其早先风格的室内设计。然而他却从不将此看作一项建筑活动。他在1903年的《另类》杂志中写道："室内设计和建筑无关，我做这项工作只是因为我知道该如何做。这和我在美国洗盘子没什么两样。"[①]在室内设计中，路斯基本上将自己看作给陌生人作导游，指引他们通向文化。

尽管一开始只有很少的项目，但路斯却有着雄心并进行着不懈的探索，而他的这种努力终于得到了回报。例如，他早期在日内瓦附近的卡玛别墅（Villa Karma, 1903—1906）和维也纳的斯坦纳住宅（Steiner House, 1910）迅速成为理性主义建筑的经典案例（文后第42页、第24页）；而他晚期在维也纳的莫勒住宅（1928）体现了不同于主流现代建筑的独特理性主义。

在路斯所有的建筑实践中，城市住宅设计无疑占有最重要的地位。对路斯而言，人们建造住宅的方式表达了他们的精神气质。在外部处理上，路斯使用简洁的几何形。平面和内部空间也是几何式的。路斯试图通过几何形体赋予使用者周围环境一种平和清晰的性格，而不像分离派那样让使用者处于所谓权威的侵略性天赋之下。他在内部根据人们性格、社会地位以及日常生活细节来进行设计。或者说，他更多地根据生活而非美学观念来进行住宅项目的设计。他对材料的处理充满热情；他寻求一种空间上的形式语言来表现功能。

---

① Adolf Loos, excerpts from Das Andere (1903). In: Malgré tout, op. cit.,p.172. 转引自 Panayotis Tournikiotis. Adolf Loos [M]. Princeton Architectural Press, 1994. p.32.

路斯的客户多为爱好艺术的小康知识分子和富裕商人。他们与路斯在社会地位和艺术品位上比较接近，因此大部分都成为路斯的回头客。现在看来，当时那些大学教授、高层的管理者、重要的服装设计师和二流的投资者（最大的投资者，如银行家和工业厂主等，已经接受了分离派的观念）实际上是有意或无意地在资助路斯去孤独地冒险，去探求那个时代的建筑未来。

随着第一次世界大战的结束和奥地利共和国的成立（1918 年 11 月 12 日），路斯更多地参与到奥地利的文化政策当中。1919 年，他和勋伯格、克劳斯等人撰写了《艺术部门的指导方针》，并亲自进行了修改。1920 年，他被命名为维也纳住房局的首席建筑师，一个"红色维也纳"社会主义管理部门中的重要职位。1922 年，他参加了芝加哥论坛（Chicago Tribune）塔的国际竞赛并提交了一个巨大的多立克柱子般的摩天楼方案（文后第 20 页）。然而，他的方案并没有被接受。同样在 1922 年，他参加了伦敦的田园城市大会。回到维也纳后，他和贝伦斯（Peter Behrens）、弗兰克（Joseph Frank）、霍夫曼等人参加了一个为 700 户工人设计住宅的项目。尽管他对现代工人住宅由衷地感兴趣，并设计了一些优秀的方案，但最终还是因为同管理机构有太多的观念不合而辞职。

晚年岁月

1923 年，为了忘却在维也纳的沮丧经历，路斯应邀去了巴黎——一个早已深受路斯影响的城市。在那里，他遇到了许多建筑师和艺术家，包括勒·柯布西耶（Le Corbusie r）、蒙德里安（Piet Mondrian）和查拉（Tristan Tzara）等。1925 年，他参观了著名的"艺术与装饰运动展览会"(柯布在其中展示了他的新精神馆)。同年,路斯在索邦神学院(巴黎大学的前身)组织了一系列以"现代精神的人"为总体题目的四个会议。尽管路斯当时总处在巴黎的先锋群体里，但他还是有意识地保持自己的独特性。1928 年，路斯离开巴黎回到了维也纳。

在巴黎其间，路斯设计一些项目。然而由于种种原因，最终只实现了两个：香榭丽舍大街上的克尼泽（Knize）男性运动用品商店和达达主义诗人特里斯坦·查拉的住宅。前者于 20 世纪 50 年代被完全改造，因此我们所能看到的只有后者。查拉住宅位于巴黎的蒙马特区，它既是路斯也是达达主义的一次实践（文后第 34 页）。但此时已远非查拉表达宣言的时期，他只想和他的家人生活在一起，因此他选择路斯只是希望他为自己设计一个舒适的住宅。

1930 年，路斯和一大批欧洲知识分子一起庆祝了他的 60 岁生日。当时，路斯的名声已经享誉欧洲，巴黎、布拉格和维也纳的许多出版物都刊登文章表达对他的敬意。然而此时，他已快接近了生命的终点。1933 年 8 月 23 日,路斯因病逝于维也纳附近的疗养院。25 年后，也就是 1958 年，维也纳政府为路斯树立了一块墓碑。它依照路斯于 1931 年为自己墓碑设计的草图而建造，以此向他为人类建筑学所作的贡献致敬（文后第 116 页）。

装饰真是罪恶？

《装饰与罪恶》的产生及被误读

路斯在世时只出版过两本文集：《言入空谷：1897—1900
年间的文章》(Ins leere gesprochen, 1897-1900)（文后第 6 页）
和《尽管如此：1900-1930 年间的文章》(Trotzdem，1900-
1930)（图 2）。第一本文集收录了路斯为 1898 年维也纳博览
会所写文章和同时期其他的一些评论。然而，该书直到 1921
年才在巴黎出版。路斯在前言中提到："在 1920 年，没有一
家德文的出版社敢出版该书。这或许是过去数百年中唯一一
本用德文写成，但却首先在法国出版的书。"该书的第二版于
1932 年由因斯布鲁克的勃伦纳（Brenner）出版社出版。第二
版重新调整了文章的顺序并增加了路斯在 1898 年发表的文章
《波坦金城》。该文集中的著名文章除了新增的那篇，还有《饰
面原则》和《一个可怜小富人的故事》。路斯的第二本文集于
1931 年也由勃伦纳出版社出版，并于同年发行了第二版。这
本文集里有路斯著名的两篇文章《装饰与罪恶》和《建筑学》。

图 2 1931 年版《尽管如此》封面
资料来源：Janet Stewart, *Fashioning Vienna*.

路斯的大部分文章都是为了报纸和期刊专栏而写，因此两本文集中收录的文章并不能
构成系统的建筑理论。路斯以一种轻松的方式写作，文风近乎口语。而且第一本文集中的
评论是路斯刚从美国回欧洲时所写（与路斯晚期成熟的观念相比显得激进），因此按顺序阅
读文集中文章时常常会有断裂和前后矛盾的感觉。此外，由于前面提到的出版原因，路斯
的许多文章都是在脱离语境的情况下发表。如果说文章的风格和编排容易使人产生误解，
那么出版的问题则进一步导致了人们对路斯思想误读和片面理解。路斯当时之所以为两本
文集命名为《言入空谷》和《尽管如此》，就是为了表达他对被忽视、误解以及攻击的某种
无奈和不屈服的坚持以及反抗。路斯的文章尽管观点尖锐、激烈且矛盾，但它们却充满文采，
抓住了那个时代转瞬即逝的某些本质特征。而一些学者甚至认为他是那个时代最伟大的作
家之一。

具体再看《装饰与罪恶》一文。1910 年 1 月 22 日，路斯在维也纳文学与音乐学院
（Akademischer Verband fur Literatur und Musik）以装饰和罪恶为主题做了约半小时的演讲。
1913 年，他又在维也纳和哥本哈根重复了这个报告（图 3）。同年 6 月，这些演讲内容以 "装
饰与罪恶" 为题目被译成法文文章发表在《今日之书》(Les Cahiers d'aujourd'hui) 上。而

图 3 路斯于 1913 年做《装饰与罪恶》报告的海报
资料来源：Janet Stewart, *Fashioning Vienna*.

在 1920 年 11 月，勒·柯布西耶将该文的法文版重新发表在《新精神》（L'Esprit Nouveau）的创刊号上。因此，该文虽然是路斯于 1908 年以德文写成，但直到 1929 年，在被重版很多次后才有了德文版。[①]我们不难看出，正是在维也纳之外，由于其脱离了产生的语境和极其煽动性的标题，该文的最初含义才被曲解了。路斯只是在文章中探讨去除功能性物品的装饰。而在巴黎，该文被当作纯粹主义的宣言来倡导去除建筑中的所有装饰。这是一个符号化的理解，即认为装饰总体上等同于罪恶。路斯本身也对这种说法感到震惊。他在 1924 年的文章《装饰与教育》中指出：

> 我在 26 年前确信，人类的进步将会导致功能性物品中装饰的消失。这是一条不可避免且充满逻辑的道路。……然而我却万万没有想到纯粹主义者们竟然将此推演到荒谬的境地，他们试图系统全面地去除所有装饰。事实上，只有时间的长河才能洗去不能再生的装饰。[②]

可见，在现代主义宣言中，《装饰与罪恶》明显是被曲解和误读了。

装饰理论的来源

讨论路斯对装饰看法还应了解他理论产生的历史渊源。路斯早年有两段经历对他的建筑观念形成影响重大。第一段是在德国德雷斯顿高等技术学校的学习。于 1834-1848 年在此处任教的森佩尔（Gottfried Semper）的装饰理论对路斯影响深远。森佩尔认为建筑的材料、装饰和功能之间存在着必然的联系。他通过对人体装饰、自然物的研究来探讨装饰、形式与功能的规律以及审美情趣背后的原因。然而他认为应该向自然学习的是深层的原理，而非对自然中已有形式的表面模仿（图 4）。路斯在某种意义上继承了森佩尔的理论，提倡去除功能性物品的表面装饰，但赞同运用"饰面原则"（the principle of cladding）进行功能性的深层装饰。

---

① 关于《装饰与罪恶》的出版经历参见 Panayotis Tournikiotis. Adolf Loos [M]. Princeton Architectural Press, 1994. p.23. ; Le Corbusier. The Decorative Art of Today, translated and introduced by James I. Dunnett [M]. London: The Architectural Press, 1987. p.viii. ; 以及肯尼斯·弗兰姆普顿. 现代建筑：一部批判的历史 [M]. 张钦楠等译. 北京：三联书店，2004. 第 96 页。
② Adolf Loos. Ornament and Education (1924). In: Adolf Loos. Ornament and Crime: Selected Essays, translated by Michael Mitchell [M]. Ariadne Press, 1998. p.187.

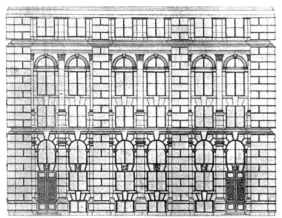

图 4 森佩尔设计的建筑立面，维也纳
资料来源：Panayotis Tournikiotis, *Adolf Loos*.

图 5 沙利文设计的盖蒂墓，格蕾斯兰公墓，芝加哥，
1890 年
资料来源：肯尼斯·弗兰姆普敦：《现代建筑：一部
批判的历史》。

第二段对路斯影响重大的经历是他在美国的四年游学。当时的美国正处在建筑思想的激烈变革中，芝加哥学派和路易斯·沙利文（Louis Sullivan）等成为当时的先锋派。沙利文在 1892 年写过一篇论文《建筑中的装饰》来讨论装饰问题。他认为在资本主义生产制度下，装饰是精神上的奢侈品，而非必需品。没有装饰的建筑具有很好的表现力，然而人们心中潜在的浪漫主义又需要装饰，所以必须辨证地面对装饰问题。而解决的关键是找到装饰和本体间的和谐以及相互促进关系，让建筑体现出两重的表现力（图 5）。沙利文的装饰观念和森佩尔不无相似之处，再加上美国当时强调节约的功利主义美学和古典复兴式建筑的一度兴盛，所有这些综合在一起，共同形成了路斯装饰观念的基础。这也解释了路斯既为了经济性而去除功能性物品的装饰，而在室内设计中又不完全排除装饰，甚至推崇古典主义装饰法则。然而早期现代主义建筑先锋只是更多地强调前一层目标，而忽略了对后一层的认识。

对分离派的批判

从字面上看，《装饰与罪恶》一文大量讨论了去除功能性物品的装饰能够节约劳动，增加财富并促进现代文化发展。那么除了这些人们通常所了解的表面内容，路斯在这篇文章中究竟想表达什么样的深层思想呢？我们首先从宽泛的文化角度来解读。路斯认为所谓文化就是"人内心与外形的平衡，只有它才能保证合理的思想和行动"。[1]路斯认为人类发展的每个时期都有文化，文化在各个时期不间断地连续发展。而到了 19 世纪后半段，建筑师和现代都市居民都决定抛弃文化而生活，即脱离他们的时代精神，逃避到过去或者未来。总之，不是之前就是之后，反正不是现在。路斯指责他的同代人通过在家具、

---

① Adolf Loos. Architecture (1910). In: Yehuda Safran and Wilfried Wang (editor). The Architecture of Adolf Loos : An Arts Council exhibition [M]. London: Arts Council of Great Britain, 1985. p.104.

建筑和服装上使用装饰来掩盖他们文化和社会状况的平庸；指责他们不仅误传古代的原则，而且伪装他们的身体，用"借来"的装饰贴在事物表面——为了将他们的文化沙漠伪装成繁荣的国度。然而如何面对虚假的文化而追求"真实"，路斯认为：**"我发现了下面这个事实并愿公之于众：文化的进化即等同于在日常生活物品中去除装饰。"**[①]这句话在《装饰与罪恶》一文中是惟一的斜体，它限定了文章目的是要去除功能性物品的装饰，并作为反对分离派的宣言。

在建筑层面，路斯通过这篇文章主要批判了分离派的建筑师和艺术家。路斯认为古代建筑大师的房子能满足所有人；而他那个时代的建筑师只能满足业主和他自己。后者将各种文化的碎片收集起来，塞进博物馆，按照表面装饰的需要分类，并以学习所谓风格为乐。在用尽了古代的装饰后，分离派建筑师试图发明一些新的形式（文后第104页）。而在路斯眼里，分离派表面、肤浅的装饰风格正体现了文化的缺失：

> 如今他们确信已经找到了20世纪的新风格。但这却不是20世纪的风格。
> 许多事实表明20世纪的风格应该具有纯粹的形式。它们应该是真实表达我们
> 这个时代文化的产品。[②]

图6 路斯所反对的分离派艺术家凡·德·费尔德设计的服装，1898年左右
资料来源：肯尼斯·弗兰姆普敦：《现代建筑：一部批判的历史》

由于其独特的兴趣，路斯还从服装的角度讨论了装饰和文化的关系（图6）。路斯认为服装应该是一个中性的表皮——它既不是完全的、人工个性的符号，也不是完全虚伪的装饰。一套衣服应该是有启示性的体现；它应该通过其严谨、简洁来体现一个人的真实性和纯粹性。在路斯看来，英国式的服装最适合现代都市人穿着。由于已经达到一种都市的禁欲主义，现代人不必需要装饰。

不难看出，路斯对分离派的文化批判充满了伦理意味。他认为时代混乱的装饰和建筑都是不道德的。在他看来，功能性的物件都不需要装饰。他反对所有的"风格"，甚至是风格的观念。在路斯看来，分离派甚至不如模仿古代样式更能适应现代社会。

① Adolf Loos. Ornament and Crime (1908). In: Yehuda Safran and Wilfried Wang (editor). The Architecture of Adolf Loos : An Arts Council exhibition [M]. London: Arts Council of Great Britain, 1985. p.100.

② Adolf Loos. Architecture (1910). In: Yehuda Safran and Wilfried Wang (editor). The Architecture of Adolf Loos : An Arts Council exhibition [M]. London: Arts Council of Great Britain, 1985. p.106.

表面装饰和深层装饰

在建筑学层面，尽管路斯反对分离派的装饰（ornament），但他却赞扬和提倡古典主义中蕴涵的几何性装饰（decoration）。他认为前者只有瞬间的价值，而后者通过正确使用材料和古典法则赋予建筑更多内涵。他还认为这种古典法则有能力简单而直接地赋予一幢建筑物性格，无论它是办公楼、纪念碑、别墅还是工人住宅。因此，路斯在建筑设计，尤其是其室内设计中，创造性地借鉴并发展了古典主义装饰。

在这里，路斯深刻区别了两种不同的装饰：表面装饰和深层装饰，[①]前者的体现是分离派的装饰，而后者则是古典主义装饰。在路斯看来，表面装饰是寄生于结构并干扰结构逻辑的后加想法，它们只是制造幻象；而深层装饰则能增强结构逻辑并有目的地使用简单形式并真实地表达材料，它们的作用不再是隐藏和掩饰，而是作为社会文化基础的同谋和表现符号。

在现实中，表面装饰和深层装饰之间还有瞬间和长久的区别。路斯把（在所谓创新的口号下）不断更新的表面装饰看作是海市蜃楼、时尚和对物品耐用性（durability）的消除：

> 功能性物品的使用期限由其构成材料性能决定；它的现代价值来自其坚固性。而一旦它有了表面装饰，其耐用性就会大打折扣，因为它已从属于时尚。……某些物品例如织物和地毯，由于其耐用性有限，因此可以保留时尚成分，进行表面装饰。[②]

去除装饰的"例外"和"补偿"

同样在建筑学层面，路斯还从功能角度来区别对待装饰问题。路斯认为，在现代社会中，栖居只有"撤退"到室内才有可能存在。为了合适地生活在自己家里，人们应该区分室内与外部世界。公共与私密的不同，室内与室外的不同应该给予明确的不同形式。因此，住宅的外形应该简洁、端庄和朴素以应对外部冷漠的世界，而它的整个丰富应该被封闭在室内（文后第46页）。而对于公共建筑，他则认为需要有"表现力"，且不破坏城市肌理的立面（文后第60页）。因此，路斯在室内设计和公共建筑立面的处理中常常运用装饰——然而都是前面提到的古典主义的深层装饰。

除了建筑学，路斯还从社会阶层的角度来讨论建筑、艺术中的装饰。路斯按不同社会阶层区别了当时的知识精英和传统工匠。他认为社会中不同的人虽然同时存在，但却可能属于不同的时代：

---

① Ornament 和 Decoration 在中文中都简单地翻译成装饰。为了区别，本文根据语境将它们分别译作表面装饰和深层装饰，而在其他单独出现或不易混淆的地方就简单地译作装饰。

② Adolf Loos. Ornament and Education (1924). In: Adolf Loos. Ornament and Crime: Selected Essays, translated by Michael Mitchell [M]. Ariadne Press, 1998. p.187.

落伍者降低了文化进步的速度。我可能生活在 1908 年，但是我的邻居生
活在 1900 年，而街对面的那个人则生活在 1880 年。对一个国家来说，它的
居民的文化分布在如此长的时间段里面真是不幸。[①]

或者说，他们属于不同程度的现代。因此，不同人会需要不同的文化。知识精英在劳累
一天后会去听贝多芬的音乐，但传统的工匠却不能体会这种乐趣。他们只有在对物品的装饰
中获得乐趣。路斯虽然坚持自己的装饰理论，但却出于对工匠阶层的理解而能容忍他们的装饰。

最后，路斯对去除装饰进行了"补偿"。虽然要求去除功能性物品的表面装饰性，但
路斯却不忽视表现性，他运用古典的几何形体和材料的真实性来表达。尤其在材料使用
上，他精细挑选、加工材料，关注材料的天然纹理，并组织它们的抽象构成。就像阿尔伯
蒂（Alberti），他常常会使用具有抽象图案纹理的表面材料，并乐于通过表现材料的内在特
性来激发使用者的想象。例如在室内设计中，他常常将木材、有纹理的大理石、镜子、皮革、
织物和地毯等材料组合起来，共同创造一种温暖的气氛（文后第 110 页）。而这些气氛应该
体现建筑的特征以及业主的性格和社会地位。

可见，在当时的艺术和建筑环境中，路斯的目标在于批判错误地表现材料，在表面背
后隐藏材料的属性。他并不反对在当代建筑中进行历史引用，而是反对当时普遍的错误引用。
路斯认为去除装饰只是手段，而核心的内容是对真实性的追求——对结构逻辑真实性和当
时社会生活真实性的特殊追求。

古典主义与文化复兴

通过去除表面装饰，路斯也将对当时社会的批判与坚持古典主义联系了起来。如何面对现
代社会的危机，他向传统寻求解决办法。路斯并不认为现代是一个与传统决裂的全新时期。他
把现代看作是传统的某种特殊连续。这种连续性里面包含着断裂和不连续——一种不连续的连
续。这些断裂和不连续同时也是文化进化所发生的地方。面临当时欧洲的文化危机，人们必须
现实地面对而不能掩盖和逃避。人们必须救助于传统，尤其是传统精神，因为它具有某种永恒
的价值。路斯认为传统是本质的、精神的，它不该被混淆为表面形式。传统并不意味着只因为
一些东西是旧的就坚持，也不意味着一些来自民间传说的复制主题和在城市中运用一些田园诗
般的风格。传统应该是促使发展的关键原则，一种应该很自然地适应工业时代要求的原则。

因此在建筑层面，路斯反对分离派的总体艺术和虚伪装饰，而肯定古典主义及其深层
装饰。他赞赏古典主义的永恒价值并认为只有古典主义才能帮助人们找到危机中的出路
（图 7）。对他而言，古典遗迹中蕴涵的人类文化不可能完全被消除，古典文化是其后各个

① Adolf Loos. Ornament and Crime (1908). In: Yehuda Safran and Wilfried Wang (editor). The Architecture of Adolf
Loos : An Arts Council exhibition [M]. London: Arts Council of Great Britain, 1985. p.101.

时期文化之母。从文艺复兴到 19 世纪初的新古典主义的整个发展并非是古典主义的复兴（revival），而是一种连续的传统（tradition）。在形式上，就是坚持永久的形式而抵制表面的流行时尚：

图 7　古典建筑的永恒价值，雅典帕提农神庙，希腊，公元前 447–438 年
资料来源：李路珂拍摄。

> 　　或许可以说，路斯认为西方的古典主义更多是自然的、本源的而非文化的：只有在自然、本源的环境中，西方人才能行动并认识他自己。古典主义建筑并没有表面装饰；它们是简洁的且具有普遍性，因此才能贯穿古希腊、罗马、文艺复兴，甚至帕拉第奥和辛克尔。这种古典理性主义对路斯的影响是内在、深刻而非符号、表面的。正因如此，塔夫里才称之为"现代的古典主义者"。[1]

三个建筑策略

　　《装饰与罪恶》表达了路斯在当时文化危机下的一种建筑观念和策略。然而，路斯的建筑的探索远不止这些。下面将探讨路斯另外三个相互关联的建筑策略——反总体艺术、饰面原则和体积规划。这三方面与去除功能性物件上装饰联系紧密，并且也是路斯对 20 世纪建筑学的重要贡献，尽管它们在当时很长一段时间内不被重视。

反总体艺术

　　如果说建筑局部的光滑和纯粹是去除装饰的第一步，那路斯还在更大尺度上反对装饰——虚假统一的风格也是装饰。对这种"装饰"的去除就是反对分离派的总体艺术（antiGesamt-kunstwerk）。在路斯的文章中，最能体现这一点的可算是寓言式的《一个贫穷富人的故事》：

> 　　有一次，他正好在庆祝自己的生日。妻子和孩子们送给他很多礼物。他非常喜欢他们的选择，而且由衷地欣赏它们。但是没过一会，建筑师跑来纠正，并对所有疑难问题做出了决定。他走进房间，主人很愉快地和他打招呼，因为他今天心里很高兴。但是建筑师并没有注意到主人的欢欣。他发现了一些异常的情况而脸色发青。"你穿的是什么拖鞋？"他痛苦地叫喊。主人看了一下他自己那双绣花拖鞋，松了一口气。他感到自己并没有过错，这拖鞋是按照建筑师的原创设计制作的。所以，他用一种超然的口吻回答："可是，建筑师先生！你是否已经忘记了这是你自己的设计呀！""当然记得！"建筑师咆

---

① 　Panayotis Tournikiotis. Adolf Loos [M]. Princeton Architectural Press, 1994. p.27.

哆起来 :"但这是为卧室设计的！在这里，这两块令人不能容忍的颜色完全破坏了气氛。难道你不明白吗？"①

对路斯而言，由于先前文化的连续性在现代社会已经被打断，现代文化只有承认这种状态，并接受内在经历和外在形式间不完美的关系，接受他们之间的分歧。现代人，或者说都市人是无根的——他们不再拥有任何文化。传统不能被想当然地认同。内在经历和外在形式间的平衡已经丢失，这导致了人们生活经历的分解。现在最有文化的人就是能够适应各种环境状况并有能力对各种状况做出恰当反映的人。

路斯认为，创造一种新的假想风格来掩盖破碎生活的总体艺术并不可取，这也是一种虚假的装饰。分离派和制造联盟装饰性的设计生产是退化和虚假的象征。因此，建筑师不应该强加任何统一的风格给一幢房子；他们不应该试图在空间、立面、平面布局和景观设计中强加一种单一的形式语言，例如霍夫曼（Josef Hoffmann）设计的斯托克勒宫（Palais Stoclet）（图 8）。

面对现代社会这种演化，建筑应该分散成许多语言来和大量不同的经历相对应——私有的和公有的，内部的和外部的，私密的和公共的。房子的室外应该端庄朴素，而它的整个丰富应该被封闭在室内（图 9，图 10）。这种内部外部的双重性是靠好的边界设计——即墙的设计——来获得。建筑师的重要工作是给予房屋中不同区域以明确的区别，并对不同部分进行限定和组织，因为这决定了一幢房子的建筑质量。而不同部分内的填充物应该由使用者而非建筑师决定。由此，路斯也批判了建筑师作为创造者和天才的特权地位。他认为作为一个保守的实体，家的唯一标准是使成员感到满足和安乐，因此建筑师应该隐藏在幕后并服从业主的想法。

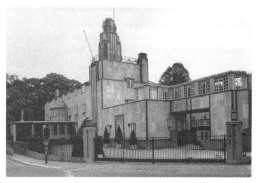

图 8　斯托克勒宫，1905–1910
资料来源：Alan Colquhoun. *Modern Architecture.*

图 9　莫勒住宅外部（正立面），1928
资料来源：Panayotis Tournikiotis, *Adolf Loos.*

图 10　莫勒住宅，从衣帽间去中厅的楼梯
资料来源：Hilde Heynen. *Architecture and Modernity.*

① 翻译转引自肯尼斯·弗兰姆普敦. 现代建筑：一部批判的历史 [M]. 张钦楠等译. 北京：三联书店，2004. 第 92 页. 英文参见 Adolf Loos. Spoken into the Void: Collected Essays 1897-1900, translated by Jane O. Newman and John H. Smith [M]. The MIT Press, 1982. pp.126~127.

饰面原则

　　路斯建筑理论中另一个策略是饰面原则（the principle of cladding）。从文化层面来理解，饰面原则可算是反总体艺术的延续。路斯认为现代文化已不再具有一种优先的可能来保证内在、外在之间的和谐。以前农民在田里种地的那种自我证明对都市居住者来说是不可能得到的。这便如同马克思主义所认为的资本对人和整个世界的异化。都市居住者已经没有文化之根，他们不能毫无疑问地宣称自己拥有一种文化。因此，他们必须用一套策略来面对无法自我证明的状况。路斯不断地申明现代人需要面具——他们的公众形象与其性格并不相符。在复杂的现代社会，人们需要承担多种角色，面临多种可能，因此他们不得不求助于一个"外套"来区分人格、适应外部世界。只有这样，人们才能回应所有不同的社会需要。

　　这种现代人的"外套"首先是其穿的衣服，接下来便是其居住的建筑。而建筑分解成许多不同的部分以应对现代生活的不同部分，这就形成了许多层次的表层饰面。所以，路斯的住宅设计常常是外部冷峻、内部丰富以应对都市生活和家庭生活的不同；而其内部又进一步区分，以应对主仆、主客、男女等不同社会角色。这些划分除了体现反总体艺术，也是为了不断地创造充当"外套"的饰面层（文后第114页）。

　　在具体的建造层面，路斯继承了森佩尔（Gottfried Semper）的传统，发展了他自己的饰面原则。他认为饰面（cladding）是建筑的基础：人对空间的经历首先是由顶棚、地板和墙体等表层饰面所决定，即由材料的感觉冲击力所决定。建筑师开始设计一个空间是从使其视觉化开始，而第二步才是考虑如何支撑表层饰面。因此，整体的建筑结构是第二重要的。在他看来，在建筑讨论中对真实性的需求和建筑设计中结构体系的可见性无关，而与表层饰面作为清晰可见的存在有关。在他来看，真实性并不意味着内外部间的严格对应；相反，它由一个精心构筑的面具组成，而该面具应该能清楚地被识别："我们在工作中不应混淆饰面层和其背后的支撑。这意味着，例如，木材能被刷上任何颜色但不是另一种木材的颜色。"①

体积规划

　　路斯在建造问题上饰面原则的暗含前提是：使用者对建筑的认知基础是对空间的感知。由此建筑设计的基础便是空间的布置，或者说是一种三维设计的技巧——体积规划（Raumplan, or plan of volumes）。如前面所提到，路斯住宅的外部常常是简单的几何形体，而内部空间却富于变化且相互独立。其外部的简洁纯粹对应着异化的外部世界；内部的丰富则对应着充满情感的家庭生活。然而如何将丰富多变的空间内容装入一个简单的形体之内？如何在保持空间经历多样性的同时又不失一种统一感？正是面对这些问题，路斯发明

---

① 　Adolf Loos. The Principle of Cladding (1898). In: Adolf Loos. Spoken into the Void: Collected Essays 1897-1900, translated by Jane O. Newman and John H. Smith [M]. The MIT Press, 1982. p.67.

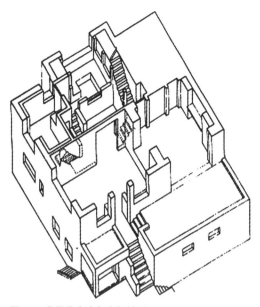

图 11　莫勒住宅内部空间轴测
资料来源：Hilde Heynen. *Architecture and Modernity.*

并使用了体积规划。这也是路斯自认为对 20 世纪建筑学最重要的贡献之一。

对路斯而言，建筑设计包括一个复杂的三维活动：它就像一个有着不同高度的空间单元的七巧板拼图。所有这些空间单元在一开始按需要被界定，而在最后又能被合适地塞进一个单一的形体中。它们都是在空间上被计算、被想象、被安排、被设计。路斯常常通过吊顶、地面抬高来界定不同的内部空间体量，因为他相信每个不同的房间根据其功能应该具有不同的层高。然而，所有形体之间又有着丰富的联系。仿佛所有的形体都是透明的，而人们能同时发现空间的各个细部和整体效果。建筑理论家科洛米娜（Beatriz Colomina）认为，体积规划为形式创造了一种戏剧性。这是路斯住宅建筑的典型特征："一幢房子是家庭戏剧的舞台，一个家庭成员出生、生活和死亡的场所。"[1]通过在丰富的内部空间中经常性地转变行进方向和暂停片刻，以及通过黑暗入口和明亮起居空间的过渡，人们获得一种精心地进入日常生活舞台的感觉（图 11）。

＊＊＊＊＊＊＊＊＊＊＊＊＊＊＊＊＊＊

路斯看似明确的建筑观点也非一成不变。他早年坚持去除功能性物品装饰的观念在晚年的作品中才充分体现。然而也正是晚年作品中的那种"整体性"和"风格化"使得其早年对分离派和制造联盟的批判无力了许多。与此同时，分离派也从早期的自然主义转向晚期的古典主义；而制造联盟中重技术还是重艺术的争论仍在继续。所有这一切就像路斯在《装饰与罪恶》中提到的，现代生活各个领域中有着不断去除装饰的趋势——这暗示了一种注定的命运，一种当时所有知识分子面对的、资本主义技术和文明瓦解传统社会时的困惑。

面对宏观层面上的某种注定感，路斯依旧进行着抗争。或许是独特的、充满情感的性格使他相信一种个人化的日常文化（low culture）。他相信面对现代性的危机，人们的日常生活是可以通过不断的努力而改进。他对社会生活的各个层面（服饰、建筑、音乐等）进行批判，相信现代和传统之间有着某种看似断裂的联系。

对路斯而言，成为现代就是属于他的那个时代，因此也属于传统，一个鲜活真实的过去。

---

[1]　Beatriz Colomina. The Split Wall: Domestic Voyeurism. In: Colomina (editor). Sexuality and Space [M]. Princeton Architectural Press, 1992. p.85.

此外，这种现代并非是普适的：某个人的现代不必和其他人的相同。建筑师既不是现代性的鉴赏者，也不是挑战者。维也纳人不必和奥地利乡村的农民拥有同样的现代概念，也"不生活在同一个时代"。路斯虽然挑战过去的时代，但却试图和解社会、技术的转变和传统之间的冲突。因此，路斯才成为本雅明等哲学家的兴趣所在，才成为塔夫里眼中调和传统与现代的"非先锋"。

柯布西耶曾深受路斯的影响，认为他就像荷马一般，用其思想和实践创造了现代建筑的史诗。[1]而弗兰姆普敦（Kenneth Frampton）认为路斯的独特性使其不仅"孤立于分离派和他的保守的同时代人之外，而且孤立于他真正的继承者——后来的'纯净派'，他们直到今天还未能充分理解他见解的深刻。"[2]从今日的眼光来看，无论是现代建筑先锋还是现代的古典主义者，任何简单、抽象的称号都已无足轻重。而路斯的真正价值在于他百年前面对现代社会和建筑困境的清醒揭示和创造性应对，在于他当年的努力依旧启示着我们今天的探索。

［注：本篇原载于《建筑师》第 119 期，P63 ~ 72，2006/2；发表时原题为"'非先锋'的先锋（上）——阿道夫·路斯及其现代性研究"，现对标题及部分内容进行了修改。］

① Yehuda Safran and Wilfried Wang. Preface to the Second Edition. In: Yehuda Safran and Wilfried Wang (editor). The Architecture of Adolf Loos : An Arts Council exhibition [M]. London: Arts Council of Great Britain, 1985. p.5.

② 肯尼斯·弗兰姆普敦. 现代建筑：一部批判的历史 [M]. 张钦楠等译. 北京：三联书店，2004. 第 92 页。

第一版前言

库尔特·沃尔夫（KURT WOLFF），出版商
莱比锡，1919 年 4 月 14 日

奥托·布劳耶（Otto Breuer）先生
维也纳，第七区
恺撒大街（Kaiserstrasse）

我亲爱的先生！

我们万分感谢你的友好来信并在信中提及阿道夫·路斯的随笔和评论文章。你的来信使我们无比喜悦，而我们也已经尽快告诉了路斯先生：如果他的文集能在我们这儿出版，我们将十分高兴。

如果你能立即通过挂号信或保险信将所有文章寄给我们，那是最好不过了。据此我们能向你或阿道夫·路斯先生提出关于安排和处理该书的建议。

我们非常期待从你那儿得到进一步的消息，并致以问候和谢意。

你最恭敬且忠实的，
库尔特·沃尔夫，出版商

这封信有个前传故事。最初，当我在《新自由报》工作时，我就想将这些于 1898 年纪念展览会期间、每周日在这份报纸上发表的文章集成一本书出版。当时，那个版本将以《装饰艺术》（*Dekorativen Kunst*）的形式出现，由慕尼黑的布鲁克曼（Bruckmann）公司出版。之所以如此打算，是由于布鲁克曼公司出版那份杂志的第一年，我是其在维也纳的通讯记者。但布鲁克曼出版公司一年后通知我，说我的文章不再适时了，还要我退还 200 马克的预付款。于是这些文章便被搁置在一边。多年来，许多德国出版公司邀请我发表这些文章。但我拒绝了。这些文章

是某段时间为一个报纸写的，而且我还要考虑很多事情。为了警世，我不得不在一些句子中表达自己的真实看法。多年后读来，这些句子仍使我感觉颤抖。但甚至是这种掺了水的写作方式也给我带来了声誉。获得这种声誉不是与俗人一起，而是与"现代的"艺术家一道，以一种似是而非的写作方式攻击《现代》（Moderne）。只是由于我亲爱的学生们的一再坚持，尤其是建筑师奥托·布劳耶的坚持，我才决定同意出版这些文章。在那些口头上或书面上请求为我出书的出版商中，我选择了库尔特·沃尔夫公司。

布劳耶先生花了很多精力收集这些文章，并将其发送给出版商。他很快收就到了一个出版商的、掌管艺术部门的读者的回复。该回复通知他说，只有我同意更改和删除攻击约瑟夫·霍夫曼的内容，出版商才能出版这本书——然而我在文章中从未提及霍夫曼的名字。

于是，我从库尔特·沃尔夫公司那儿拿回了我的文章。

摘自《新苏黎世报》（Neuen Zürcher Zeitung）（晨报第 187 号）
"通知
1921 年 2 月 5 日
文艺的。巴黎 - 苏黎世的乔治斯出版公司（Georges Crès & Cie., Paris-Zürich）通过保罗·斯特芬（Paul Stefan）于去年 12 月 30 日发表的文章通知我们，决定出版阿道夫·路斯的文章。正如保罗·斯特凡所写到的，没有任何一家德国出版社，即使是在路斯 50 岁生日之际，敢于出版这位建筑领域（从更广义来说，是文化生活领域）改革者的文集。阿道夫·路斯已经同意出版。"

我向乔治斯出版公司表示感谢。

阿道夫·路斯
1921 年

阿道夫・路斯（摄于 1912 年）
资料来源：Panayotis Tournikiotis, *Adolf Loos*.

1897 年载于《时代》周刊的文章

WOCHENSCHRIFT "DIE ZEIT"（1897）

应用艺术学院的学院展览会[*1]
（ Schulans stellung der Kunstge werbeschule ）

《时代》，1897 年 10 月 30 日

[*1] 这篇文章对应于《言入空谷》德文第一版第 10~13 页的内容。

[*2] 劳伦斯・阿尔玛 - 塔德玛爵士（Sir Lawrence Alma-Tadema, 1836—1912 年），在比利时和英国工作的英国画家；其个人古典主题的学院派绘画和工笔画很受欢迎。——英译者注

奥地利博物馆学院，我们的应用艺术学院，自本月 9 日起就开始展览上一学年的作业。人们看到的是做工一般的普通物品；日报上的反响也很平淡。实际上，即使最挑剔的人，在看到费尔斯特的纯粹的意大利房间中的内容后——静物、花卉画、裸体像、圣徒画、风格类似塔德玛（Tadema）[*2] 的场景画、肖像画、雕像、浮雕、木刻、家具杂志的插画，以及所有其他东西——他都不得不说，"这儿做得真多啊！"

施图本灵街（Stubenring）上的这个学校，有一个二流的、关于绘画、雕塑和图像艺术的学院。他们与我们位于席勒广场（Schillerplatz）上的艺术学院相竞争。尽管由于学习期短的缘故，后者的作品无法与前者相比，但它却也在这场高尚的竞赛中获益匪浅。在席勒广场上，他们更快地意识到必须摆脱萎靡不振的局面。而在施图本灵街，他们只出产二流的艺术家。

或许你认为，没人该起来反对。这是错误的。因为进行这场竞争花费了代价。代价就是手工艺行业。

让我们坦率地说吧：艺术和手工艺被这种行为轻易地欺骗了。教育部预算中拨给艺术和手工艺教育的少量资金就这样被完全浪费了。我们奥地利人，本来应该因缺乏资金而厉行节约，但却让我们的手工艺行业忍饥挨饿，牺牲了"伟大的艺术"。

这种罪行已经犯了数十年，这个错误的团体，手工艺行业，一直没有支持者。这对我们的商人来说已不再是什么秘密：从这个学院出来的劳动力对工场、生活或公众毫无用处。因为满脑子都是错误观念，对材料不熟悉，对高雅和进步的东西没有任何敏感，不了解当代的发展趋势，所以他们要么加入默默无闻的画家和雕塑家大军，要么由于在这里缺乏训练而到国外进行弥补——如果他们有足够能力来适应国外环境的话。那么我们只不过是失去了他们。我们不能亲自将他们送到学院里去；我们没有这样做的力量。恰恰相反！我们甚至希望这样一所学院会给我们带来前进的动力。

我们已经停滞了很长一段时间，而且我们还将继续停滞下去。在过去的十年里，整个世界的艺术和手工艺，已经在英国人的领导下，勇敢地向前进了。我们和其他人的差距变得更大了。如果我们不想失去赶上他们的机会，现在就是开始行动的时候了。就连德国人都已经从后面加快了脚步，他们将很快能赶上前进的队列。在国外又是怎样一番新景象啊！画家、雕塑家和建筑师离开了他们舒适的工作室，他们将其宝贵的艺术抛在架子上，而来到铁砧前，来到纺织工的织布机前，来到画板前，来到窑炉前，来到工匠的板凳前！去他的瞎画的纸上艺术吧！现在是从生活、风俗、舒适、实用当中汲取新形式和新线条的时候了。前进吧，向上吧，同志们，艺术是必须被征服的东西！

人们对真正手工艺运动的热情一直在高涨，而我们却满怀遗憾地看到我们年轻的艺术家站在一边，不怎么感兴趣。我们看到，即使那些可能被号召起来的人都正在摆弄美术。相反面——艺术家向手工艺者的回归——根本就不是这种情况。在年轻人中，是否真的只剩下那么一点激发热情的能力？

通过展览上为数不多的手工艺作品，我们就已经能回答这个问题了。学生的灵魂好像已经被逼出体外，飞向绘图纸。他们的灵魂被纠正，被重建，被塑造，被灌输，所有这些都是为了刻板的教条。他们在研究自然，但没什么结果。这种研究无疑只会让艺术和手工艺终结。学生本应该达到目标，是获得把自然界存在的东西风格化的能力，或者好一点，让自然服务于将要被铸造的材料。但在学院里，则缺乏勇气、力量，以及最重要的、对必要材料的了解。将要破坏这所学院的教条认为，我们的手工艺必须自上而下开始变革，从工作室开始往下变革。但变革通常是自下而上的。这里"下"指的是工场。

现在仍然流行这样一种观点，即应该把椅子的设计只交给那些精通五种柱式的人。但我认为，撇开其他的不说，这样的人必须了解一些"就坐"的行为。因为柱式中肯定没什么东西能对设计椅子有帮助。对出版有杰出贡献的模范的绘图员（出版当然算是一种属于图像艺术的活动），在自己进行设计时就完全不行了。我们学院所有这三个专业的工作室有一些共同的特征：缺乏对材料实物细节的了解（人们只要看看不像木工的轮廓），以及室内空间装饰画中的单调复制［专业人员称其为"施普兰茨"（spranzen）］。

这不能责怪个别老师。一种盘旋在整个学院上空的罪恶的精神才是真正的过错。

提到装饰绘画时，人们只需要重复已经说过的话。这也是熟练工作——只要绘画单独为自己说话就行。然而对手工艺行业来说，最好的画却毫无价值。举个例子来说，写实画出的南瓜，其精心绘出的阴影让它们有显著的三维效果，但这还不够。尤其当这种画用在天花板下方墙面的绒面挂毯上时。在这样一个如此不舒服的房间中，人们都不敢迈重步。毕竟，可能会有南瓜掉到人们的头上！获得这种错觉，是需要熟练的绘画技巧来保证的。我们可以这样看完每一张图画，但是一个例子就足以证明，那些眼光短浅只能看到图板末端的画家实在没什么头脑。

我们希望这是此类展览的最后一次。艺术和手工艺最终将恢复本色。随着新馆长霍夫拉特·冯·斯卡拉的到来，新的精神已经注入博物馆。让我们希望，这种针对旧传统的新精神足够强大和持久，能有效地引领这个机构。奥地利的手工艺正期盼如此。

ADOLF
LOOS

INS LEERE
GESPROCHEN

INNSBBUCK
BRENNER.VLRLAC

1931 年版《言入空谷》封面
资料来源：Janet Stewart, *Fashioning Vienna.*

不可否认：如今人们能在奥地利博物馆看到老式家具的复制品，这些展品引起了轰动，成为街谈巷议的话题。人们会认为，他们已经回到了奥地利艺术和手工艺的黄金时代。那是维也纳在艺术和手工艺行业名列榜首的时代，当时令人难忘的艾特尔贝格尔（Eitelberger）[*2]仍掌管着施图本灵街上的这个机构，人们的关注程度也达到了极限。现在，人们再一次从日报中看到了有关新方向和新趋势的报道；人们讨论着；人们争辩着。而且，人们又去参观圣诞节展览会了。

实际上发生了什么呢？奥地利博物馆有了一位新馆长。这位新馆长为我们打开了新的局面。有人说他为现代风格开辟了道路。其他人说他引进了英国式。还有第三拨人说他强调实用物品的实用方面。哪种说法正确呢？实际上，他们都说对了。但是他们表述得不准确。要我说的话，他发现了资产阶级的家庭。

我知道大家会对这种解释摇头。我们没有装配过，保藏过，研究过博物馆内各个时期、各个社会阶层和地位的最好物品吗？我们没有使用过，模仿过哥特式的、文艺复兴风格的、巴洛克风格的、帝国式的最好的资产阶级物品吗？我们没有经常以资产阶级风格布置我们的房间吗？

是的，我们没有这样做过。我们的妻女睡的床，就像特里阿农宫（Trianon）[*3]中的床一样。在特里阿农宫的床上，不幸的皇帝的女儿，玛丽·安托万内特（Marie Antoinette）做着华丽、幸福和奢华的梦。那个主要的屠夫，那个好先生，满怀自豪地注视着他的旧式德国沙发，沙发主题来自不来梅市政厅大厅内装有护墙板的墙壁；它被塑造成一小片那个房间（全部的护墙板会太贵）与一个带垫子箱子的结合产物。证券交易所富裕绅士的客人懒洋洋地倚靠在扶手椅中。这种扶手椅，就像拿破仑曾经向世界宣布其法律时所坐的椅子一样。甚至连皇帝的"N"字母都没有。但那个科西嘉人[*4]只使用过这个宝座一次；其余的时间，他和他的客人则使用没那么华而不实的家具。

但为什么我们对这种实际存在的资产阶级家庭如此陌生？因为很少有这种家具流传到我们这里。因为资产阶级市民会用旧他们的家具；他们每天都使用，最后一把火烧了它们。他们没有钱住奢华的房间。如果某件家具恰好被保存下来，也很少有博物馆愿意收藏这种旧的家庭战马。严格地说，这种家具并不以艺术技巧而出众。这样的家具即使有幸被收藏，那它肯定也是被高估了。亲王的家具则是完全不同的情况。亲王的家具从未使用或很少使用，它显示出高雅、冷漠的特征，表现出高水平的设计和构造，还带有大量的装饰。即使它不实用，它也并不是全无用途的。其用途就是代表并见证财富、华丽、对艺术的热爱，以及其拥有者的喜好。因此，亲王的家具无疑会以好的理由被收藏，会为每个博物馆带来骄傲和喜悦。

奥地利博物馆的圣诞节展览会[*1]
（ Weihnachtsausstellung im Österreichischen Museum ）

资产阶级的家庭：莱夫勒房间
（ *Bürgerlicher Hausrat——Das Lefler Zimmer* ）

《时代》，1897 年 12 月 18 日

[*1] 这篇文章在《言入空谷》德文第一版第 14-20 页。

[*2] 鲁道夫·冯·艾特尔贝格尔（Rudolf von Eitelberger，1817—1885 年），艺术历史学家，应用艺术的坚决拥护者。1863年，他主要负责建立奥地利艺术和工业博物馆，是该博物馆的第一任馆长。1868年，他还创立了相关的艺术与手工艺学校（Kunstgewerbeschule）—应用艺术学院。博物馆和学院都贯彻了他的理念，即把国家支持的手工艺产业带入现代工业时代。——英译者注

[*3] 特里阿农宫（Trianon）是法国凡尔赛的皇宫，分为大特里阿农宫（Le Grand Trianon）与小特里阿农宫（Le Petit Trianon）。

[*4] 1769 年，拿破仑·波拿巴（Napoleon Bonaparte）出生在地中海第四大岛科西嘉岛上的阿雅克肖城。

19世纪误用了这些展览物品，把它们当作实用的模范。皇室对高等贵族，高等贵族对低等贵族，低等贵族对资产阶级竖起的屏障，已经倒塌了，每个人都可以根据自己的品位来装饰房屋和着装。所以，当每个家庭仆人试图将其家里布置得像宫廷一样时，每个侍者想穿得像威尔士亲王一样时，我们一点都不感到惊讶。然而，看到这方面的进步是错误的。因为王室的家具是大量财富的产物，它要花费大笔的钱。但由于大众并没有这种财富，所以他们用材料和技巧来模仿。结果，浅薄、空虚，以及威胁要吸干我们手工艺骨髓的可怕怪物——模仿，已经出现了。

而且我们过的生活，与我们周围布置的物品相冲突。我们忘了除了一个王位室，人们还必须有一个起居室。我们冷静地放任自己被时髦的家具所虐待。我们让自己的膝盖碰伤，我们坐下的时候，背后和屁股下面都是装饰物。最近20年来，从我们容器的各式各样的装饰手柄中，我们已经接连磨出了文艺复兴式、巴洛克式和洛可可式的水泡。但我们并未抱怨，因为那些反抗的人会被嘲笑为傻子和不懂艺术的人。

但我提出的这些看法只适用于欧洲大陆。在英吉利海峡的另一端，居住着一个满是自由公民的民族，他们很早以前就摆脱了旧的束缚。暴发户的冲动在那里找不到任何肥沃的土壤。英国人在他们家中发誓拒绝王室的奢侈和华丽。他们很长时间都没听说过服装规范，因此对模仿旧时大人物没什么兴趣。对他们来说，最重要的就是自身的舒适。在这类资产阶级的影响下，甚至那个国家的贵族也在慢慢地改变。他们变得简单而朴素。

出产如此自信、独立的资产阶级的民族，注定很快会将住宅的资产阶级风格发挥到极致。为了实现这种效果，雇主会雇用最好的工人；他们能把精力集中在这项工作上。同时，在其他国家，一流的工匠负责为亲王制作家具，而资产阶级的家具由二流的工匠制造。人们只需要观察英国和法国同时期两位最著名的设计师就可以了。让我们以托马斯·奇彭代尔（Thomas Chippendale）和路易十五的画家梅索尼埃（Meissonier）为例。在梅索尼埃的作品中，我们只发现国王会客大厅和宴会厅的设计作品。而在齐本德尔方面，他雕版书的标题就已经特色鲜明：《绅士与家具师的主管，家庭家具设计的收藏》（*Gentleman and Cabinetmaker's Director, Being a Collection of Designes of Household Furniture*）。

因此很容易发现，在任何资产阶级家具的收藏中，英式家具一定占了最大部分。他们甚至还收藏了许多德国资产阶级的家具。这种家具在这儿早已被人忘记，现在正从英国回到我们这里。这儿有一些有趣的例子。让我列举一个吧：今天在我们看来十分英国式的带黄色柳条编织的亮红色上漆椅子（我们轻蔑地称其为加固椅或鸡窝），却能在许多关于18世纪德国人室内的绘画中看到，尤其是在查多维奇（Chodowiecki）的作品中。[5]

*5 丹尼尔·尼古拉斯·查多维奇（Daniel Nikolaus Chodowiecki，1726—1801年），德国雕刻师和当时最受欢迎的插图画家。
——英译者注

　　然而，另外一个状况也能解释为何出现大量的英国式设计。英格兰也是第一个向模仿宣战的民族。现在我们也开始慢慢地汇集力量来反对模仿。谢天谢地，仿制珠宝和假皮毛在这里已不再被认为是时尚的。我们必须感谢我们的圣诞节展览会，因为它鼓舞我们在家庭陈设方面也应用这一新原则。如果谁没有钱买一把印花皮椅，那么请让他将就着用一把草椅。许多人会被这种想法吓着。草椅，多么普通啊！请继续，我亲爱的维也纳人，一把草椅就像没有任何钻石或者就像冬天大衣上只有简单的布领子一样普通。只有仿制的珠宝、毛领和皮椅才普通。

　　因此，现实让我们必须将关注重点转移到实用物品上来，特别是当我们没有足够的钱来拥有高贵装饰性物品的时候。镶嵌画、由锯屑和胶水压制的木刻、"把你家弄糟的"窗户，其他堆积的授权仿制品和漆得像硬木质感的门窗，这些正慢慢地从资产阶级家庭中消失。资产阶级的骄傲已经苏醒；暴发户的教条已经过时。

　　这次展览会的重点是一个室内，由维也纳画家海因里希·莱夫勒（Heinrich Lefler）、雕塑家汉斯·拉佐斯基（Hans Rathanasky），以及小弗朗茨·施肖泰勒（Franz Schönthalerjun）和约瑟夫·厄本（Josef Urban）协力创作的作品。在整个城里，它被简称为"莱夫勒房间"，最近几星期，每个人都在谈论它，所以这个缩写的名称绝对有必要。年轻人为之欣喜若狂，老年人对它则不以为然。这个房间的意义重大，它首次在维也纳应用艺术界中激发了现代精神。

　　的确，它看起来很现代。但如果人们靠近一点看，就会发现这只是放在现代灯光下的我们古代德国文艺复兴的格西纳斯房间（*gschnaszimmer*）。*⁶丝毫不差。木质镶嵌细工；旧式德国装饰的长沙发（上帝保佑它！），它上面钉上去的狮子脑袋经常被扯下来（它们曾发挥了非常必要而艰难的作用，以固定波斯风格的沙发套）；还有大杯子和旧式德国大水壶，只要人们轻轻地一动它们，它们就会咯咯地响起美妙的声音——每样东西，它的每样东西都是盗用的。只是它伪装得很好，一开始人们完全没有认出来。然而，例如，旧式德国大水壶本会从旧式装饰长沙发上掉下来，落到你的头上。现在是英国花瓶掉下来，确实如此。如果人们认为，在某种程度上可以避免优柔寡断，且陶器行业得益于很高的破损率的话，那么这就是一大进步。

　　我们已经看到了这个房间的倾向和趋势。它给我们带来了旧精神下的现代形式。因此人们没有权利说它是个现代的房间。正确的事本应该是以新的精神来利用旧的形式。

　　让我们转到个别的作品。迄今为止，莱夫勒制作的精美墙纸，目前是整个房间内最好的。我们奥地利的墙纸产业没有其他的产品能用来展示自己。只要想想看：它是一种没有任何英国风格的现代墙纸，第一眼就能看出它是维也纳人的独创。绣饰垫子和地毯也很出色。"龙之战"（Drachenkampf）马海毛地毯显示出高超的制作技艺。但在玻璃窗的设计方面，莱夫勒的技术就要差一些。他创作了两扇玻璃窗，一扇是"灰姑娘"，另一扇是"睡美人"。这两扇窗户都显示出了在两种

*⁶ 所谓格西纳斯房间（*Gschnaszimmer*），就是环城大道上贵族府邸里装潢考究的沙龙，其名称来源于格西纳斯节（*Gschnasfest*）。格西纳斯节是在奥地利庆贺的、紧邻圣灰星期三（Ash Wednesday）之前的忏悔节（Shrovetide）上著名的狂欢节舞会。1870 年，第一个格西纳斯节在维也纳举行，众多维也纳艺术家合作完成了大批的装饰。——英译者注

工艺间的摇摆：玻璃彩饰与美式玻璃上釉。"灰姑娘"还算达到了协调的效果，因为玻璃彩饰只应用于绝对需要的地方，例如面部。但"睡美人"的效果则不好。彩饰玫瑰树篱破坏了所有朴实的玻璃作品。玻璃工人带着怎样的喜悦，抓住机会在玫瑰花上显示他的技艺啊！每片叶子都上了不同的釉彩！这些玫瑰迫切需要美式技巧，在不那么重要的地方出现的类似东西就更加迫切需要。就这样，这扇窗户产生了如此不协调的效果。不过，他试图让中间的窗户不受约束，使人能无干扰地向外看，在我看来这种做法值得效仿。所有莱夫勒的作品都显示出了一种新鲜的坦率和果断利用新技术的能力。

展览上的其他作品则不能得到这样的评价。他们只是模仿墙壁壁板上的镶嵌装饰；顶棚上普通的墙纸作品让人觉得缺乏真正的高雅。一个华丽的木箱子被上面人工绘制的青铜浮雕给毁了。就算它是真的青铜浮雕，也不会在清洁方面给它的主人带来好处。请记住，青铜器埋在潮湿的地下几千年会形成铜锈，而铜器只要一直在使用是没有绿铜锈的。人们至少能希望我们的现代人来反对这种虚伪作品！我在一开始就已经说到了搁板，这种搁板用作做工差的沙发的顶板。甚至时钟也是矫揉造作的，因为无法看出时间。以前没办法看时间，是因为时钟表面很"时髦"；现在也没法看时间，是因为时钟表面是方形的。

所以，认为这个房间是现代风格，这是不对的。现代精神首先需要实用的东西能实用。美指的是最大限度的完美。由于不实用的东西永远都不完美，所以永远也不可能算得上美。终究，现代精神要求绝对的真实。我已经在前面说过，幸亏模仿和伪高雅最终变成了非现代的。再次，现代精神需要个性。总的来说，这意味着国王像国王那样布置他的家，资产阶级像资产阶级那样布置他的家，农民像农民那样布置他的家；尤其是，每个国王、每个资产阶级者、每个农民需要在家的布置中体现其自己的独特品质。提高各个不同阶级大众的喜好是现代艺术家的责任；这样，他们在任何特定的时间满足知识贵族的需要。我们的艺术家做到了吗？他们的女士房间与贵妇人的优雅相称吗？不。它既不符合制造商妻子的优雅，也完全无法体现资产阶级者妻子的优雅。它只符合风尘女子的优雅。

1897 年载于《天平》的文章 *

AUS DER "WAGE"（1897）

---

* 后面三篇文章似均发表于 1898 年（分别为 1898 年 10 月 1 日、1898 年 11 月 26 日和 1898 年 1 月 29 日），
此处仍按德文第一版排版。

艺术与手工艺评论（一）[*1]
（Kunstgewerbliche Rundschan）

[*1] 这篇文章在《言入空谷》德文第一版第 22-25 页

[*2] 亚瑟·拉森贝·利伯特爵士（Sir Arthur Lasenby Liberty）于 1875 年在丽晶大街（Regent Street）上开设利伯特商店（Liberty's）。到 19 世纪 90 年代，该商店专门经营织品、墙纸、瓷器和金属器皿，多数产品受东方主题启发。这个商店是美学运动及艺术与手工艺运动中主要人物的聚会场所。——英译者注

[*3] 有影响力的德国艺术商人塞缪尔·宾（Samuel Bing）于 1895 年在巴黎普罗旺斯街（Rue de Provence）上开设了一间名为"新艺术之家"（The Maison de l'Art Nouveau）的商店，以展示国际上新艺术风格发展的作品。该商店的特色是经营蒂芙尼的玻璃器皿，宾自己工场制作的家具、陶器和珠宝；以及新艺术运动中几乎每个主要艺术家的美术和应用艺术作品。——英译者注

[*4] 普维·德·萨瓦纳，1824—1898 年，法国画家，法国国家美术公司 Arts 的总裁和共同创始人。

[*5] 克林格尔（Klinger，1857—1920 年），德国画家、雕塑家、蚀刻师，其宗教寓意画和人像雕塑在维也纳分离派的展览上特色突出。——英译者注

[*6] 伯里克利，约公元前 495 年—前 429 年，古希腊奴隶主民主政治的杰出的代表者，古代世界最著名的政治家之一。从公元前 447 年起，伯里克利大规模修建雅典卫城。

我们有一种新的装饰艺术。不能否认这点。只要看了伦敦利伯特（Liberty）家具商店的房间[*2]、巴黎普罗旺斯街上的宾的新艺术商店的房间（Bing's l'Art Nouveau in der Rue de Provence in Paris）[*3]、去年在德累斯顿举办的展览会上的房间、今年在慕尼黑举办的展览会上的房间，谁都会承认：旧风格已经死亡，新风格万岁！

但我们不能从中得到快乐。这不是我们的风格。我们的时代并没有产生这样的风格。我们确实拥有明显表现我们时代印记的物品。我们的衣服、我们的金银首饰、我们的珠宝、我们的皮革、龟甲和珍珠母商品、我们的马车和有轨电车、我们的自行车和火车头，这些都使我们非常快乐。只是我们没有对这些东西感到大惊小怪。

这些东西是现代的；也就是说，它们的风格是 1898 年的风格。但它们如何与当下现代的物品发生联系？我们必须怀着沉重的心情回答，这些物品与我们的时代无关。它们大量参照抽象的事物，满是符号与回忆。它们是中世纪的。

但我们超越了这个时代。因为自从西方罗马帝国衰落后，已经没有哪个时代的想法和感觉比我们时代的更为古典。想想普维·德·萨瓦纳（Puvis de Chavannes）[*4] 和马克斯·克林格尔（Max Klinger）吧！[*5] 自从埃斯库罗斯的时代以后，有谁的想法更具希腊风格？看看索涅特（Thonet）椅子吧！它没有装饰，体现了整整一个时代的就座习惯，难道它与具有弯曲椅脚和靠背的希腊椅子不是出自同一种精神吗？看看自行车吧！难道伯里克利（Percles）的雅典精神[*6] 没有贯彻到其形式当中？如果希腊人想造自行车，那他们造出的自行车肯定会和我们的一样。希腊的青铜三足器具——我不是说那些在圣诞节展览会上展出的，而是指那些使用的——难道它们与我们的铁制品看起来不一样吗？

但不是希腊人想在身边的日常用品中表达个性。在德国，人们看到的衣服种类最多；因此在所有的文明民族中，德国人是最没有希腊精神的。而英国人，只有一套为特殊场合准备的衣服、一张床、一辆自行车。对英国人来说，最好的就是最美的。因此，像希腊人一样，他选择最好的服装、最好的床、最好的自行车。形式的修改不是出自对新奇的渴望，而是来自使物品更完美的愿望。我们这个时代的职责，不是生产新的椅子，而是生产最好的椅子。

但在提及的展览中，人们只看到新的椅子。最好的椅子不能称作新奇（neuheit）。因为即使十年以前，我们已经有了相当舒适的椅子。而且从那时起，就座的方式和放松的方式并没有发生很大变化。这些方式可能也已经通过不同的形式表达出来了。椅子的改进并非人眼所能识别。木材尺寸和等级的变化就几毫米，最多也就几厘米。要找一把好椅子是多么困难啊！而要找一把新椅子是多么简单啊！对新奇而言，这有一个非常简单的配方：做与以前人们所做椅子完全相反的椅子。

在慕尼黑展出了一把伞架。它或许是对我前面所说的关于实用物品上有大量参照和中世纪特征的说明。如果是希腊人或英国人来设计

这种伞架，他想做第一件事就是给伞提供一个好的竖立位置。他会想，伞应该能轻松地插入和拿出。他会想，伞不该受到任何损伤，伞面材料在哪儿都不应该被卡住。但非希腊人，德国人，普通的德国人，就不一样了。对他来说，这些考虑居于次要地位。他认为主要的事情就是通过装饰使这件物品与雨水联系起来。水生植物从底部缠绕到顶部，每棵植物上坐着一只青蛙。伞碰很容易被锐利的叶子划破，但这丝毫都不让德国人觉得烦恼。对于周围的物品，只要他觉得美丽，就算会给他带来伤害，他也心满意足。

人类从古典遗产中获得的文化水平，不会简单地从人们的思想中根除。古典遗产是所有后期文化的源泉。但还有来自东方的文化交融。东方是一个大水库，发展的新种子从那儿流进西方。今天，似乎亚洲已将她原始力量的最后余留遗赠给了我们。因为我们已不得不回溯到东方的最远点，回溯到日本和波利尼西亚 [*7]，而现在我们已经到达了尽头。中世纪多么美好！东方还在那儿尚未开发，走到西班牙或圣地（Heilige Land）都足以为西方打开形式的新世界。受阿拉伯影响，罗马风格转化成了哥特式。文艺复兴时期的大师必须走得更远。他们为我们征服了波斯和印度。想想构成这个时期圣母像不可或缺部分的波斯地毯，想想德国木片拼花工艺和波纹装饰物品。洛可可不得不到达了遥远的中国；对我们而言，只有日本还没走近。

今天，什么是我们艺术观中的日本的？"女士，你穿的是一件很迷人的衣服。但我看到了什么？一只袖子有一个弓形装饰，而另一只袖子没有。这就是日本的。你的花瓶中有一束迷人的花儿。这只是茎很长的花：玫瑰花、百合花、菊花。这也是日本的。如果我们从未关注过日本，我们会发现这种布置难以忍受。只要问问塞默灵（Semmering）[*8] 的农家女孩。她还没听说过日本。这就是为什么她会以一种非日本的方式插花。她把一朵很大的花插在中间，然后常常围绕这朵花再插一圈花。她觉得这样很美。"

首先，"日本的"意味着放弃对称。其次，它意味着所表现物体的非物质化。日本人表现花，但那些花是压花。[*9] 他们表现人，但那些人是压印人像。这是一种明确用来装饰表面的风格。但同时也保持了自然主义。最重要的，这是刺绣的技术，它必须让所有喜欢自然形式的人乐于接受它。正是赫尔曼·奥布里斯特（Hermann Obrist），当今最伟大的艺术刺绣工，他用这种刺绣技术实现了他想要的效果。

主要的艺术与手工艺报纸《艺术与装饰》（Art et Décoration）的 9 月那期介绍了一位法国艺术家。在这期报纸中，有一篇关于勒内·拉利克（René Lalique）的文章。[*10] 拉利克拥有巴黎一家很大的金匠公司，他勇敢地努力通过形式而非材料来获得效果。他用铜和用金子几乎一样多，使用珍贵的宝石比使用猫眼石、玛瑙和红玉髓要少。这令人心动。但他错了。尽管是新形式，但他这些物品的精神并不源于我们自己的精神；相反地，它们走回到了 15、16 世纪。它们让我们想起了沙沙作响的丝绸、沉重的天鹅绒、富丽的皮毛制品和硬挺的锦缎。查理五世（Karls V）[*11] 与最后的骑士马克西米利安的世界，突然出现在我们

[*7] 波利尼西亚（Polynesia），中太平洋的岛群，意为"多岛群岛"。太平洋三大岛群之一。

[*8] 下奥地利（Lower Austria）与施蒂里亚（Styria）之间边界上的山口，位于维也纳西南五十英里。——英译者注

[*9] 压花（pressed flowers）就是利用物理和化学方法，将植物材料包括根、茎、叶、花、果、树皮等经脱水、保色、压制和干燥处理而成平面花材，经过巧妙构思，制作成一幅幅精美的装饰画、卡片和生活日用品等植物制品的一门艺术。它是把植物科学和艺术二者相结合的产物。

[*10] "1898 年沙龙中的珠宝"（Les Bijoux aux Salons de 1898），《艺术与装饰》（Art et Décoration），1898 年 6 月 [照抄原文]，第 169—178 页。——英译者注

[*11] 此处系指神圣罗马帝国皇帝查理五世（1500—1558 年），是哈布斯堡王朝广泛皇室联姻的最终产物。

眼前。但在这个轻巧丝绸衣服的时代，在这个硬挺衬衫前胸和黑色燕尾服的时代，拉利克的珠宝看起来很奇怪。谁会不喜欢它们呢？但谁想把它们戴在身上呢？他们的兴奋和喜悦只是柏拉图式的。我们的时代需要小珠宝——在尽可能小的面积上显示价值尽可能大的珠宝。我们的时代要求珠宝具有"浓缩的奢华"，具有"华丽的本质"。因此，最贵重的宝石和原料将用在我们的珠宝制品上。对我们来说，珠宝的意义就在于原料。因此，艺术作品必须满足尽可能展现材料价值的要求。对佩戴的珠宝而言，金匠的工作只占第二位。拉利克的珠宝实际上是展示型的珠宝。制造这些珠宝似乎是用来丰富艺术赞助人的库藏，然后艺术赞助人会热情地邀请公众到他的博物馆去欣赏这些华丽的东西。

奥地利博物馆冬季展览会的开幕，沉默地回击了针对霍夫拉特·冯·斯卡拉的控诉。公众能够衡量某种差异，即艺术与手工艺协会展品与斯卡拉指导下制作出展品之间的差异。即使以前对斯卡拉倡议怀有最大敌意的报纸，也对他的展览进行了报道。然而根本没有人关注艺术与手工艺协会的展览。不要找理由说艺术与手工艺协会这次没找到场地展出他们的作品。前些年，斯卡拉展览的空间要小一些，而艺术与手工艺协会占据了柱廊庭院。尽管如此，斯卡拉的展览还是获得了应有的关注。

确实，展览前最强烈攻击霍夫拉特革新举措的报纸，突然转而认为他并没有激进地宣传自己的观点，从此我们便可以看出公众观点的变化程度。还有其他人——当然包括那些认为将小工匠纳入冬季展览会的做法会对艺术产业不利的人——他们发现斯卡拉并没有坚持他自己的计划，因为大型制造商也参加了展览。据我所知，霍夫拉特·冯·斯卡拉从没有提出过这样的计划。相反：他经常强调，对博物馆来说，大型制造商和小工匠应该拥有同样的权利。

维也纳艺术与手工艺垄断者认为，另一项安排也是不公平的：将外省纳入展览。但这些外省展览者占全部参展者的百分之三十。他们将必须适应这点。改革已有点太激进。一年前，博物馆还只是艺术与手工艺协会的活动场所；现在它属于整个国家。

外省也给我们带来了最大的惊喜，特别是他们的蒂芙尼玻璃复制品。克洛斯特穆勒（Klostermühle，位于波希米亚北部）的里特·冯·施潘（Ritter v. Spann）已经尝试了这项困难的实验。尽管有许多前任尝试者，冯·施潘先生值得注意地取得了首次成功。

蒂芙尼（Tiffany）的玻璃制品代表了玻璃制造和玻璃吹制艺术的标准。蒂芙尼公司在纽约已经有了一百年的历史。因其杰出的品质，今天它统治了全球的金银工艺品世界。摩尔（Moore）曾在这家公司工作。他是 19 世纪最伟大的金匠。他于 1892 年，正处在其事业巅峰时英年早逝。老蒂芙尼是纽约最富有的人之一，他从未以工厂的方式经营他的生意。他像艺术赞助人一样经营；摩尔的作品，像在博物馆里一样，被集中放置在一个房间里，被当成无价之宝妥善地保存。

父亲的理想主义已被儿子继承。其中一个儿子路易斯·C·蒂芙尼，是一个遍游地中海沿岸地区的画家。他深受古希腊和古罗马华丽玻璃制品的启发。今天，大地再把这些玻璃制品的残骸一块一块地还给我们。如果欧洲人喜欢这类物品，他将会把它们买下下来，放进博物馆。但如果美国人喜欢它们，他会建造一个冶炼炉，寻找会制作类似制品的人，并尽他个人的最大能力进行冒险。路易斯·C·蒂芙尼像美国人那样处理问题。成功很快就会到来。在前期的资金投入和邀请威尼斯、东方及日本的工人参与其中之后，他成功地实现了古代玻璃的华美——不仅超越了古代玻璃的彩虹般色泽，还仅仅通过简单的吹制，在无须切割的情况下实现了新的意外效果。人们可以在奥地利博物馆的一层欣赏到真正的蒂芙尼玻璃制品。

艺术与手工艺评论（二）[*1]
（Kunstgewerbliche Rundschau）

[*1] 这篇文章在《言人空谷》德文第一版第 26-28 页。

我们本国的产品与原产品在两方面有所不同：它们差点火候，尤其在色彩流动方面，它们还缺乏让玻璃看上去令人难忘的必要的彩虹般色泽。这不应该招来指责。这只应该鼓励艺术家在这个方向上冒险走得更远。但如果人们看了我们每天的报纸，那么他会确信，我们可以躺在玻璃行业取得的成就上再休息一百年。

展出的玻璃制品的外形也很有意思。为了盛液体的需要，古代花瓶的开口呈漏斗状——这种形状被不假思索地拿来作为装饰性花瓶的外形——展出瓶子的外形明白无误地表明，它们是用来放长茎花的容器。这样，番红花形的开口就构成了一个支撑，而漏斗形的开口则容易导致玻璃瓶倾覆。

建筑师哈梅尔在展览中脱颖而出。两个房间的室内由他设计，而且无数的个人物品证明了他丰富的想象力。哈梅尔的作品没有让我们兴奋地大叫，但它使人愉悦。使人愉悦，也就是说，因为它谦虚地服从于技术，也因为它不像哈梅尔那些画板前同事的作品那么珍贵。他的作品有一种轻松而天真的感觉，让我们想起了美国人。

斯卡拉远见性的基本原则在冬季展览会上鲜明地展现了出来：要么准确模仿，要么创新。没有第三条路可走。当然，这类准确的复制品像奇怪的东西一样引起我们注意。但它们的优点是总维持着美丽，而不久之后，我们开始厌倦那些拙劣的"时髦"家具。德国文艺复兴没有不流行，不流行的只是其拙劣的复制品。今天，古城镇、古城堡、古市政厅仍像 20 年前一样对我们有影响力。但我们从"时髦的"餐厅中仓皇而逃。

分离派也展览了一整个房间的应用艺术作品。古施纳（Gurschner）的青铜器，尤其是独具魅力的门环，已经迷住了维也纳人。这些青铜器令人愉快。如果古施纳没有过于依赖瓦尔格伦（Vallgren）[*2]，它们无疑也会具有重要的意义。泽利兹尼的女巫，一个用梨木制做、带玻璃眼珠的面具，第一天就有了对它着迷的人。布鲁塞尔的伊莲娜·德·拉德（Hélène de Rudder）创作的"命运三女神"（die drei Parzen）刺绣也是非凡的作品。[*3] 阿道夫·伯姆（Adolf Böhm）的多彩嵌饰皮革的记事簿，以及——最后但并非最不重要的——弗里德里希·奥托·施密特（Friedrich Otto Schmidt）的家具，以各自的方式成为杰作。

[*2] 维克托·瓦尔格伦（Victor Vallgren），当时在巴黎工作的金属雕刻家。他创作的大量新艺术风格的作品（其中大部分是铜质的），出现在塞缪尔·宾的"新艺术之家"商店的第一批目录中。——英译者注

[*3] 命运三女神，希腊神话中人物，是宙斯（Zeus）和正义女神忒弥斯（Themis）的女儿。这三位掌管万物命运的女神分别是：克罗托（Clotho）、拉切西斯（Lachésis）、阿特洛波斯（Atropos）。最小的克罗托掌管未来和纺织生命之线，二姐拉切西斯负责决定生命之线的长短，最年长的阿特洛波斯掌管死亡，负责切断生命之线，即使是天父宙斯也不能违抗她们的安排。相传她们三人共享一只眼睛，一只耳朵等，即共享一切感官。

近些年来在维也纳，人们已变得十分敏感。如果某人拥有某样从外国带回来的东西，并告诉大家，"看，在提普斯蒂尔（Tripstrill）或布克斯特胡德（Buxtehude），人们是这样做这件东西的。"那么他必须承认，自己在公众面前就像叛徒和不爱国的人一样。无论绘画作品还是椅子，无论歌剧还是出租车，情况都一样。因为维也纳工业界的朋友宣称，"引进外国画、椅子、歌剧和出租车，损害了我们本地的绘画、椅子、歌剧和出租车行业。"

我不能理解这点。如果外国东西的质量比我们的差——那么欢呼吧！那么我们可以为这个事实感到高兴。基于此，维也纳工业将获得新的动力。但如果外国的东西比我们的好呢？那么，他们将间接地而非直接地促进本地工业的发展。因为维也纳手工艺行业将能以他们的产品为模型，我们将一举弥补本地与外国在艺术和手工艺行业上的差距。

霍夫拉特·冯·斯卡拉展出了一些来自英国学校的作品。现在，这些作品比我们的更好还是更差？我认为它们更好。也就是说，我们的商业学校及艺术与手工艺学校是对英国机构的模仿。但由于我们一直保持静止，而英国一直在快速进步，所以我们的学校最多只处于英国学校 20 年前的水平。

因此，我们依旧认为，英国学校的作品比我们的要好。然后，我们被迫缩小差距。当然，我们实现起来相对轻松。英国人在寻找途径、看清形势、探索未知路线和领域上耽误了时间。现在，我们不需要分散精力，不需要实验，我们能够沿着舒适、无障碍的道路前进。

我们的学校已失去了与生活的联系。学生不喜欢现状。"哦，中世纪的时候多有趣啊！特别是在文艺复兴时期！到处都是沙沙作响的锦缎和窸窸窣窣的丝绸。万岁，这鼓声隆隆，裸体女人列队觐见国王的景象。多华美的珠宝啊，多辉煌的色彩啊，多轻逸的羽饰啊！现在呢？太可怕了。格子花纹的衣服、电话线和电车轨道的刺耳铃声。但是，这对我们来说意味着什么呢？我们希望穿着沙沙作响的丝绸，戴着飘逸的羽饰，像磐石一样矗立在喧嚣的现代生活中，毫不退让。打倒电话！但必须这样吗？然后，我们想要妥协。我们为电话亭提供洛可可的装饰，为电话听筒提供洛可可的手柄。或者哥特式的。或者巴洛克风格的。总之，消费者喜欢这样。"前几年应用艺术学院创造出的口号是怎么说的来着？"满足新需要的旧家具。"

目前，"时髦的"电话亭还不属于我们。为此，我们只需感谢一件事情，即电话是在美国发明的，而不是在德国或奥地利。我们的路面电车就没那么幸运了。我们的燃气枝状大烛台也一样，陷入如此大的倒退，甚至连盲人都能明显地感觉到。这种大退步是自从英国枝状大烛台最后一次展出以后，伴随着我们喜好的转变。

我们的学校失去了与生活的联系。只要问问我们的企业家、工匠和商人就够了。这儿只流行一种观念：从我们学校出来的年轻人没什么用。他们能干，这是事实。但他们只能做那些价格最低的东西。他们是慕尼黑啤酒屋风格的大师，这种风格属于一马克要买三道菜和一

奥地利博物馆中的英国学校 （Die eng Lischen Schulen im Österreichischen Museum）[1]

[1] 这篇文章在《言人空谷》德文第一版第 29-32 页。

道甜点的人。他们能做枝形女性雕像吊灯和受人喜爱的、优良的、带老式德国装饰的长沙发椅。十年来，每天都有 20 个歌手在 20 个维也纳"简要通知"上，以"跳楼价"为这种长沙发椅做广告。福斯特（Förster）或沃尔泽（Würzl）*2 告诉这些年轻人，有钱人和有教养人的风格，"没有艺术性"。但这些公司——我当然能列举出 12 个这样的名字——总是根据"英国式"的风格生产，或更好一点，根据高雅的品位生产。因为现在维也纳人把所有高雅的东西都称作"英国式的"。

我们的学校如何才能重新建立起与生活的联系？当前的英国展览给出了最好的答案。我们看到，各个学校最好的年度作品被送到伦敦，接受检验。通过这种方式，人们在一个地方就能看到所有学校的状况。这样很容易看出谁的作品优秀。而落后一点的学校可以通过聘请能干的老师或新的主管来注入新的血液。当然，我们也有相似之处——我们的审查员。但英国的体系不是更简单、更实用吗？

因此，作品被送去审查，最好的作品会获奖。由谁来评判呢？那么，你说，可能是国家指定的专门机构。错！英国的做法不一样。他们自言自语道，学校审查员或许有很好的喜好；他会根据自己的习惯和需要认为某些东西是最好的。但是世界并不是由学校审查员组成的。艺术家和企业家更有资格来做这件事。他们知道什么对我们是有用的，什么是应该避免的，什么是我们需要的。今年大约有 30 位陪审员（"审查员"，就像在报告中所称呼的那样）。像亚瑟·汉克（Arthur Hacker）*3、佛雷德·布朗（Fred Brown）*4、和瓦尔特·克兰几个人脱颖而出。他们与学校都没什么关系。在三个委员会中，这些审查员负责为分组的作品发表专家意见。让我们看看他们是如何执行任务的。我们将选取建筑组。我们看到：

"审查员：G·艾奇逊教授（G. Aitchison），皇家学院；T·G·杰克逊（T. G. Jackson），皇家学院；J·J·史蒂文森（J. J. Stevenson）。

建筑设计。

今年作品的质量没有达到去年作品的高水平。

审查员很高兴地发现许多关于工人住宅的设计，如果举办更多这类竞争的话，他们也会很开心。

有些平面图表明，建筑师在上面花的时间太少了。审查员认为，规划不能太仓促。

审查员像往年一样重复地说，无论何时使用半木结构（例如，首层用石头，上面部分用木头），它都必须是真实的。他们重复去年的要求，认为平面图说明中不应有过多矫饰文字，因为许多图例会难以辨认。

审查员指出，尽管从逻辑上讲，有些建筑并不对称，但平面图布置得很对称。

所有平面图都需要标出方位。"

接下来是对个别图的简短批判。例如："布拉德福德技术学院

（Bradford-Kunstschule）的艾伦·希利（Allan Healey），他图纸中的遮光阅读桌有些创意，但是没有说明材料。细节很粗糙。"

至此，每个人必须忍受相当严厉的批评。例如，对于油毡平面图的设计，批评是这样的，"这作品实在太差劲了，简直没法评分。"

被这些人评价，接受他们的奖赏，是一种荣誉。制造商立即购买获奖的作品，而许多根据 1897 级学生创作的原始图纸而生产出来的墙纸，已经进入世界市场，也已经能在维也纳买到了。

因此，我们看到，在英国，学校是如何存在于生活当中。艺术与生活和谐地相辅相成。但我们的说法是：艺术与生活相对立！

路斯的芝加哥论坛塔方案，1922 年
资料来源：Panayotis Tournikiotis, *Adolf Loos*.

1898 年载于《新自由报》的文章

DIE ARTIKEL AUS DER "NEUEN FREIEN PRESSE"

JUBILÄUMSAUSSTELLUNG 1898

皮革制品与金银匠的商品
（Der Silberhof und Seine Nachbarschaft）[*1]

《新自由报》，1898 年 5 月 15 日

[*1] 这篇文章在《言入空谷》德文第一版第 36-38 页。

[*2] 数年前指 1893 年。1893—1896 年，路斯居住在美国，并于 1893 年参观了在芝加哥举办的世界哥伦比亚博览会。——英译者注

当我们总待在家里的时候，我们将永远不会意识到自己家中藏有财宝。这主要是因为我们会习以为常。但当我们环顾四周，观察外部的世界，我们的态度将会突然转变，将会重新评价自己家里制作的产品。

数年前，我离家[*2]远赴大西洋另一端的美洲，去学习建筑与工业方面的知识。那时，我充分相信德国的手工艺及制品是上等的。满怀骄傲与热情，我穿过芝加哥博览会的德国与奥地利展区。我匆匆扫视尚处萌芽阶段的美国"艺术与手工艺运动"，并报之以同情的微笑。但那种态度已完全改变！在美国居住数年的经历让我的看法完全改变。当我回想起芝加哥展会上的德国手工艺展品竟是如此丢人，我至今仍会困窘地脸红。那些了不起的、令人骄傲的手工艺制品，那些表现时尚的制品——它们仅仅是俗气的、虚伪的作品。

但其中有两类手工艺挽救了我们的声誉。那是我们奥地利的声誉而非德国的，因为在那里，德国并没有展示什么好的作品。这两类手工艺是精美的皮革产品和金银匠的商品。它们与其他的展品不同。这两类制品试图诚实地表现自己，而其他展品却充满了虚伪。

当时，我对那两类展品深感愤怒。它们是钱包、雪茄与香烟盒、画框、书写器具、手提箱、背包、马鞭、手杖、银质把手以及水瓶，等等。所有这些产品都精炼光滑而毫无装饰。其中，银器最多只是被锤打出来并刻有凹槽。我为这些产品感到羞耻。这些并非是艺术与手工艺的作品！这是时尚！时尚！这是个多么可怕的世界啊！当时我认为，这是对真诚而高尚手工艺者的最大侮辱。

当然，维也纳人非常开心地购买这些物品。尽管应用艺术学院努力反对，它们还是被市民看作是"有品位的"。而对早先最美丽制品的展览和生产鼓励却是白费心机。最后，金银匠按照他们被告知的方式制作。他们甚至让最有名的人来帮他们设计草图。即使这样，他们制造的产品还是卖不出。维也纳人是固执的。

［当然，德国的情况则完全不同。在那里，钱包和香烟盒上满是最可爱的洛可可装饰。这些商品卖得很好，"时髦"就是诀窍。］而维也纳人好不容易才被劝着将室内家具和饰品换成流行的新样式。但在有用物品和身体方面，他们遵循自己的独特喜好，将一切装饰看作是庸俗的。

至少在当时，我还有不同的想法。但现在我却毫不犹豫地认为：当时即使是最无知的纨绔子弟也会在鉴赏力方面超过我。因为美国和英国的强烈风潮已使我摈弃了对自己时代中产品认识的所有偏见。整体上来说，无原则的人试图破坏我们的时代。我们总被认为要往回看；我们总被认为要以其他时代为我们的蓝本。但所有这些想法就像噩梦一样，现在已离我而去了。是啊，我们的时代是美好的，是如此美好，以致我无法看见其他时代中的生活。我们的时代看上是多么美好，是如此美好，以致我根本无法选择任何其他时代的外在形式。我将愉悦地用双手来触摸自己的时代。活着真是件快乐的事！

在手工艺的总体无个性当中，我们必须记住前面提到的两类伟大

的奥地利艺术与手工艺制品。它们挺起脊梁，并不屈从于普遍否定时代的潮流。但我们还必须尊重维也纳人。正是他们，在艺术与手工艺全面改革的情况下，通过购买来支持这两个行业。今天我们可以自信地宣称：正是通过精美皮革产品和金银器的制造，奥地利艺术与手工艺制品才能在世界市场上获得认同。

实际上，这两个行业的制造商并没有等到国家出手再采取行动。相反，他们早在 50 年前就已经从英国观念中汲取力量，积极创新并建立稳固的生产模式。而 50 年后，国家才通过引进英国模式来终结普遍的商业滞销。如今被证明，这一步对家具产业的发展来说至关重要。如今家具行业已是彻底的英国式了。然而，这并没有像一些家具行业的悲观主义者所预言的那样，会带来销量的下降。"英国便意味着艺术与手工艺的死亡。"这些悲观主义者声称艺术与手工艺的死亡，但他们指的是叶形装饰的死亡。这一点可能是事实，但我们的时代已将关注重点放到正确的形式、结实的材料和精确的加工上面。这才是艺术与手工艺的真正含义！

在博览会上，展出的金银制品仍不能完全摆脱来自施图本灵街（Stubenring）的影响。[*3] 它们缺乏坚信自己的勇气。与银匠的商铺相比，凯恩特纳街（Kärntnerstrasse）、格拉本街（Graben）、科尔马克特街（Kohlmarkt）的橱窗能更好地展现维也纳人的审美能力。在银匠的商铺中，我们能感受到一种"高处不胜寒"的担忧。如果银匠们不生产"时髦"的东西，他们将无法在手工艺行业中保有自己的位置。但是尽管如此，还是有充分的证据表明，这里有真实的技能、独立的车间探索以及一种艺术存在。这种艺术简单，但却拥有源自车间且绝不增添表面装物的优点。

皮革工人的状况则要好一些。他们仍然没有很强地依赖应用艺术学院。他们之所以能赢得国际声誉，主要归功于宽松的生产环境——国家忽视成立一个针对该行业训练的职业学校。这是我们唯一缺少的东西。就为他们指派著名建筑师的上级领导，然后告别古老且诚实的手工艺传统吧！绘图委员会的业余艺术爱好今后就会控制所有的形式，就像它在其他不幸的手工艺行业中造成的影响一样。这些手工艺行业自学校时就已经被毁了。最古老的旅行装备将基于手稿和纪念碑而被重建。奥地利的皮革产业将因制造哥特式的手提箱、文艺复兴式的帽盒以及希腊式的香烟盒而成为人们的笑柄。当然，这些商品只会出现在芝加哥博览会上，因为它们永远无法赢得贸易出口的机会。

[*3] 这是奥地利艺术与工业博物馆的地址。关于安东·冯·斯卡拉（Anton von Scala）指导下的这个博物馆的作用，将在后面的文章中被详细地讨论。——英译者注

斯坦纳住宅，1910 年
资料来源：Panayotis Tournikiotis, *Adolf Loos*.

穿着体面——谁不想穿着体面呢？我们这个世纪已经消除了穿衣规则。[*2]如今，每个人像国王一样随心所欲地享受自己的穿着权力。一个国家的文化水平能通过一个标准来衡量，即它的市民中有多少人能利用这种新近获得的自由。在英国和美国，每个人都能够自由地穿着；在巴尔干半岛的国家，只有上层社会的一万人能如此；那么在奥地利呢？我并不介意冒险来回答一下这个问题。

一个美国哲学家在某处说道："如果一个年轻男子的肩上长着一颗好脑袋，衣橱里有一套好衣服，那他才算富有。"这句话听上去具有哲学意味，它表达了一种对人的理解。如果人们不能通过好的衣着来表达自己，那他们怎么会具有好的头脑呢？对英国人和美国人来说，他们都渴望成为穿着体面的人。

但是德国人在这方面要求得更多，他们还希望穿着美丽。当英国人穿宽松裤子的时候，德国人立即指出（我不知道这应该感谢老菲舍尔（alten Vischer）[*3]，还是黄金比）：宽裤子是不美的（unästhetisch），而只有窄裤子才有可能称之为美。德国人对此咆哮、抱怨并咒骂，但他们的裤子却日渐宽松。他们抱怨穿衣时尚就像暴君一样控制着他们。的确如此，但之后又如何呢？是否已经有了一种新的评价？当英国人再一次穿着窄裤子的时候，德国人现在却又开始了同样的批评，认为宽裤子才是美的。让这成为一个教训吧！

但英国人嘲笑德国人这种对美的渴望。美蒂奇的维纳斯（Venus von Medici）[*4]、万神庙（Pantheon）[*5]、波提切利（Botticelli）[*6]的绘画以及伯恩斯（Burns）的歌曲，这些当然是美的！但裤子呢？或者一件夹克该有三个还是四个扣子？或者一件马甲是该长些还是短些？我不知道，但这让我不安。当我听到人们讨论这类东西的美的时候，我会害怕。当某人以幸灾乐祸审的口气问我关于某件衣服看法的时候——"那件衣服应该算美丽吗？"，我会十分紧张。

最上流的德国人会支持英国人。如果穿着体面，他们会很满意。他们公开放弃追求美。伟大的诗人、伟大的画家及伟大的建筑师像英国人一样着装。而即将成为的诗人、画家和建筑师则相反，他们用自己的身体来打造神庙，让人们崇拜其天鹅绒衣领、艺术化裤子纹理以及分离派领带的美丽。

但怎样才算穿着体面？这便意味着穿着得体。

穿着得体！我感觉自己似乎已经在这些话中泄露了秘密，一种关于我们今日时装的秘密。我们已经通过"美丽的"、"时髦的"、"雅致的"、"整齐的"以及"结实的"等词语来了解时装。但这不是重点所在。倒不如说，这是一个穿着引人注目的问题。在舞厅中，一件红色的外套会引人注目。接下来的是，舞厅中的红色外套是不现代的。在溜冰场中，一件高顶礼帽是显眼的。因此，在冰上戴高顶礼帽是不现代的。在良好的社会中，惹人注目是个坏习惯。

然而，这个原则并非在所有情况下同等地适用。在海德公园里，一件外套可能毫不起眼，但在北京、桑给巴尔岛（Zansibar）[*7]或维也纳的斯蒂芬广场（Stephansplatz），它却可能引人注目。这件外套只是

男式时装（Die Herrenmode）[*1]

《新自由报》，1898 年 5 月 22 日

[*1] 这篇文章在《言入空谷》德文第一版第 39-43 页。

[*2] "1786 年 11 月，出版了一本名为《维也纳来年应遵守的着装新规则方案》（Project for a New Dress Code Regulation to Be Observed This Coming Year in Vienna）的小册子。匿名作者指出了这样一个事实，任何人都能按照其想要的那样穿着奢侈。这种被允许且令人遗憾的暴行会带来以下结果：工匠可用常用的'你'（thou）来称呼贵族成员——或者甚至用更不尊敬的称呼——只因为贵族的外套是用普通布料做的；或者并不罕见的是，理发师和仆人只因为穿着最新流行的衣服，就能在商店和其他公共场所得到礼貌的招待，甚至得到优待。这位不知名的作家提议制定精细的着装规则，这样就能通过着装方式来辨别男人的职业或出身；这些规则应该由'着装警察'来执行。尽管作者感情用事，但很明显有这样一个事实：早在法国大革命以前，维也纳上层阶级通过着装来区别自己身份的特权就已经被废除了。"多拉·海因茨（Dora Heinz）的文章"维也纳时尚男装"（Viennese Men's Fashion），见《帝王风格：哈布斯堡王朝时代的时尚》（The Imperial Style: Fashions of the Hapsburg Era）（纽约：大都会艺术博物馆，1980 年），第 101 页。——英译者注

[*3] 弗里德里西·西奥多·菲舍尔（Friedrich Theodor Vischer，1807—1887 年），德国美学哲学家和批评家；其主要作品为《美学》（Aesthetik）。

[*4] 美蒂奇的维纳斯是一座真人大小的希腊风格大理石雕像，表现的是希腊爱与美之女神阿佛洛狄忒（Aphrodite）。这件公元前 1 世纪创作的雕像是西方古典主义传统发展过程中的里程碑式的作品，成为后世不断模仿的对象。该雕像现存于意大利佛罗伦萨的乌菲齐美术馆。——中译者注

[*5] 始建于公元前 27 年的万神庙位于意大利首都罗马圆形广场的北部，是罗马最古老的建筑之一，也是古罗马建筑的代表作。万神庙采用了穹顶覆盖的集中式形制，重建后的万神庙是单一空间、集中式构图的建筑物的代表，它也是罗马穹顶技术的最高代表。——中译者注

[*6] 桑德罗·波提切利（Sandro Botticelli），约 1445—1510 年，是欧洲文艺复兴早期佛罗伦萨画派的著名画家。他画的圣母子像非常出名。受尼德兰肖像画的影响，他又是意大利肖像画的先驱者。——中译者注

[*7] 桑给巴尔岛位于东非坦桑尼亚共和国东部、印度洋西岸，是非洲著名的旅游胜地。——中译者注

*8 在技术行业博物馆主要裁缝课程的讲座中，我已经公开地表明过了其中的一些观点。——作者注

*9 卡尔·威廉·迪芬巴赫（Karl Wilhelm Diefenbach，1851—1913 年），德国画家，是"自然"生活方式的倡导者。——英译者注
*10 古斯塔夫·雅格（Gustav Jäger [Jaeger]，1832—1916 年），德国动物学家，1867—1884 年间主管维也纳动物园。1880 年，他著书《我的体系》（My System），介绍猎人穿的衬衫（Jägerhemden）或保健羊毛内衣。这让他得到全球性的追捧。——英译者注

欧洲的。我们不可能要求有一定时尚和文化品位的人在北京像中国人一样着装，在桑给巴尔岛像东非人一样着装，在斯蒂芬广场像维也纳人一样着装！因此，这个原则的适用范围必须缩小。为了着装得体，人们一定不能在文化的中心引人注目。*8

现在，西方的文化中心在伦敦。当然，漫步者走着走着就会走到与其穿着形成强烈对比的地方。当他从一条街走到另一条街时，就不得不换外套。但这样的事情不会发生。我们现在能够以最完整的形式来表述我们的原则，它是这样的：在最好的社会中，在某个具体的场合，在文化中心，当某件衣服的穿着者一点也不引人注目，那这件衣服就是现代的。这是一个非常英国式的格言，每个时尚的知识分子都可能赞同它。但是这遭到了德国中低阶层的强烈反对。没有哪一个民族会像德国人一样有那么多的花花公子。花花公子是那些在环境中只通过穿着来引人注目的人。如今，人们甚至都尝试用道德、卫生、美德来解释这类小丑的行为。他们之间有一条共同的纽带，它串联了大师迪芬巴赫（Diefenbach）*9 和雅格（Jäger）教授 *10，还串联了"现代的"即将成为的诗人和维也纳地主的儿子。尽管如此，但他们不见得能相处得很好。没有哪个花花公子承认自己是花花公子。他们打着试图消灭所有花花公子的幌子相互嘲笑，将这种罪恶继续繁衍下去。现代的花花公子，或通常的花花公子，是影响深远的一类人。

德国人猜想，是这类花花公子在时尚男装方面引领潮流。但这是对他们这类可怜生物的过分恭维。我们已经看到，甚至不能说花花公子穿着很现代。这对他们毫无用处。因为花花公子总是穿着他周围人认为是现代的衣服。

是的，但这与穿着现代不一样吗？绝对不一样。这就是为什么每个城市的花花公子看起来都不一样的缘故。在城市 A 引起轰动的花花公子的穿着在城市 B 却反响平平。柏林的时装宠儿在维也纳可能会被嘲笑。但是富有阶层总是会优先考虑时尚的变化，而中产阶层却对时尚关注最少。由于不再受穿着法规的保护，他们（富有阶层）不喜欢自己穿的衣服在第二天就被人模仿。因此有必要立即寻找替代样式。但在这场永无止境地追求材料和样式的过程中，只有最谨慎的方式才会被使用。伟大裁缝的剪裁新样式只能领先几年，最后只会被一些时尚杂志泄露出去，而成为公开的秘密。然后再过几年，这个国家的每一个人都知道了这个秘密。这就是那些花花公子走运的地方；他们控制了整个的发展过程。但原始的剪裁样式经历过长途传播之后已经变化了很多；它已经适应了具体的地理环境。

你屈指就能数出世界上伟大裁缝的数目，他们根据最优雅的原则来给人做衣服。实际上，一些旧世界的大都市都没有这样的公司。甚至柏林都没有这样的公司，直到维也纳大师 E·埃本斯坦（E. Ebenstein）在那里建立了一个分公司才结束了这种状况。在此之前，柏林宫廷衣橱里的好大一部分衣服都是被迫从伦敦普尔（Poole）商店买来的。而维也纳，我们有许多这样的公司可供选择。我们之所以有这种愉快的环境，要归功于我们的贵族经常被（英国）女王邀请到其客厅聚会；他

们（贵族）便有了很多英国制造的东西，因此也把那种服装上的优雅风格带回到了维也纳。正是这样，维也纳裁缝便获得了令人羡慕的地位。人们可能会说，在欧洲大陆，排名前一万的、穿着最佳的人在维也纳，因为这些大公司把较少的一部分裁缝提高到了较高的业务水平。

大公司及其最相近的模仿者和竞争者，有一个共同的特征：它们惧怕公众的眼睛。只要有可能，它们会限定自己只为一个小的客户群体服务。当然，它们还没有像伦敦的某些公司那么排外，那些公司只招待威尔士亲王个人推荐的客户。[*11] 但所有的公开摆谱行为都是遭人厌恶的。对展览会的组织者来说，说服某些最好的维也纳公司在展览会上展出其产品是非常困难的任务。很明显，那些公司会非常聪明地逃脱这种陷阱。它们只展出那些不会被模仿的产品。其中，埃本斯坦公司是最聪明的。它展出了为热带设计的男士无尾半正式晚礼服（在维也纳被误认为是男式家居服）、狩猎背心、普鲁士女官军制服和带雕刻珍珠母纽扣的教练外套，每件衣服自身都是杰作。A·凯勒（A. Keller）公司除了展示一些精美的制服外，还展示了一套配有灰色裤子的晚礼服；如果去英国，穿上这一整套会感到非常舒适。诺福克（Norfolk）公司的夹克似乎做工也不错。乌泽尔与萨恩（Uzel & Son）公司展示了其擅长的领域：为宫廷和国家场合设计的制服。这些服装一定非常好；否则这家公司也不可能在如此长时间内在业界保持其领先地位。弗朗茨·布巴泽克（Franz Bubacek）公司展示了为皇帝设计的狩猎装。诺福克夹克的剪裁时尚而妥当。布巴泽克先生展示这产品显示了其勇气；他不怕模仿者。你可以说戈德曼与萨拉奇（Goldmann & Salatsch）公司也一样；它们展示出了其专长的产品，即海军制服。

但是，我不合格的表扬将就此打住。维也纳服装制造者联盟的联合展览就不值得称赞了。那些迎合大众喜好的行业必须经常寻找其他方法，因为消费者坚持要满足自己的欲望，这些消费者经常要为许多毫无审美价值服装的出现而负责。但这本应该是手工艺人表现其审美能力高于一般顾客的地方；他们本可以扯起大旗反对大公司，进而做自己想要的服装。但绝大部分手工艺人失去了这个机会。他们已经在布料选择上显示了自己的无知。他们用罩衣面料来做外套大衣，用外套大衣面料来做罩衣。他们用诺福克面料来做休闲套装，用光滑布料来做礼服大衣。

他们在服装剪裁方面从未进步。很少人会以做优雅风格的服装为出发点；大多数人从花花公子身上寻找灵感。当然，那种人能够沉溺于穿着对襟马甲和天鹅绒衣领的格子套装！某个公司甚至生产了带蓝色天鹅绒袖口的夹克！好吧，如果那件衣服还不现代的话……

但在这里，我将提到一些已经远离这种安息日的人。安东·亚当（Anton Adam）确实做得不错，就是马甲剪得有点短。亚历山大·德意志（Alexander Deutsch）的冬季外套大衣做得不错，约瑟夫·胡梅尔（Joseph Hummel）的宽松长外套做得好；P·克鲁帕（P. Kroupa）的礼服大衣因有穗花修饰而被毁了。但是，当我试图展开诺福克夹克上明显为胳膊提供额外活动空间的褶皱的时候，我却没能成功，因为它是假的。

*11 威尔士亲王（Prince of Wales），英国皇太子之封号。——中译者注

新风格与青铜器行业（Der neue Stil und die Bronze-Industrie）[*1]

《新自由报》，1898 年 5 月 29 日

[*1] 这篇文章在《言入空谷》德文第一版第 44-48 页。

[*2] 1899—1900 年 间 的 世界博览会（*Exposition Universelle*）。该巴黎国际展览会的筹备于 1895 年在国外开始。——英译者注

[*3] 安东·冯·斯卡拉（Anton von Scala），奥地利艺术和工业博物馆（Austrian Museum for Art and Industry）馆长。其头衔"霍夫拉特"（*hofrat*）是奥地利授予高级公务员的。——英译者注

我想不能总是对任何事物都表示赞扬。现在我不得不提出一些批评意见。但是，从人们给我的来信中可以看出，大家对此持不同意见。当然，维也纳手工艺行业还不习惯受到严肃的批评。因为这对它们的声誉有不小的影响。为迎接展览会开幕所写的许多文章常常是溢美之词，这会使手工艺行业安于现状，逐渐衰退。被溺爱的小孩只要有点微风便会感冒，这是可怕的。如果我真确信这点，我宁愿让风吹着！但我想，如果父母身体强健，那么微风对于他们生出的小孩不会有什么不利的影响。这反而有益，甚至会使小孩更加结实起来。

我的许多想法将导致一片惊慌。我以外国人的眼光，而非维也纳人的眼光来看待展览。而且我是故意这样做的。因为我所写的东西与巴黎世界博览会有关。[*2] 我尽力使维也纳手工艺行业意识到他们通常生产出来的产品的价值。他们甚至不认为这些产品值得展览，尽管这些产品在其他国家被认为是不可超越的。而与此同时，维也纳人却被告诫：那些在外国人看来技巧更为高超的产品不能在巴黎展出。

但手工艺行业本身不知道什么是最好的产品吗？是的，他们并不知道。手工艺行业与诗人和画家一样，对其本身的创作了解甚少。实际上，某些艺术家并不能够完全地了解其艺术品。这类艺术家通常极为重视那些殚精竭虑创造的作品。然而，那些以最轻松自然方式创造的作品、那些他们自己倾向的作品和那些最能体现他们自身个性特色的作品，却往往不被这类艺术家所重视。关于其创作的正确意见，他们只听取其追随者的附和声。而维也纳的艺术家极少听取来自伦敦、巴黎和纽约的意见。我认为，听取外部意见的时刻已经来临，就在这个世纪末，因为他已经准备敞开心扉，倾听这些意见。在巴黎，我们应向人们展示我们能做的东西，而不是展示我们希望自己能做的东西。展示我们希望自己能做的东西，对自己没什么好处。这还不如展示那些艺术性可能不那么强但却具有精妙之处的物品，因为人们无法在其他展览中看到比它们更好的产品。

在巴黎，我们这个时代的热点问题很可能得以解决。这也是目前令手工艺行业担心的问题：哪种风格将流行，是传统的还是现代的？其他文化的国家很早以前就开始表明决定性立场，并通过其坚定的立场来吸引巴黎时尚界的关注。即使那些高调抵达芝加哥的德国人，在意识到自己不合时宜的聒噪且还需要向美国人学习很多东西之后，也只能小心翼翼地离开——即使是长久落后的德国，也热情地接受了其他民族的文化。只有我们自己还一直在退步，甚至退步到了这样的地步：当霍夫拉特·冯·斯卡拉（Hofrat von Scala）[*3] 向手工艺行业伸出援手之时，该行业成员拒绝了好意，还发行了一份自己的新报纸来宣传抵制新潮流。在德国，近几个月来已经有四个期刊开始宣传新的风格；如果某人想在德国发表敌对的文章，那么他很可能受到极度的冷落。我们不比自己的邻居更愚蠢。恰恰相反！其实我们拥有大多数民族都缺少的东西：我们维也纳人著名的好品格，这种好品格甚至招人嫉妒。需要被批评的只是我们那些不理智的学校。正是它们阻碍了我们艺术和手工艺的自然发展。

但对于那个由来已久的问题，答案是这样的：以前出现但今天仍在使用的事物，可以被模仿。但我们文化的新现象（有轨电车、电话、打字机等）则无须与已被替代的旧形式进行呼应。为了适应现代用途而对旧物品进行改造是行不通的。所以规则是：要么模仿，要么创造全新的东西。当然，我并不是说新事物一定是旧事物的对立面。

据我所知，此番看法从未被以如此精准地表述，尽管以前国外专业圈子和奥地利博物馆近来都发表过类似的言论。但实际上，人们这几年都依据此原则行事。而且该原则非常好理解。早期绘画大师作品的复制品也是艺术品。谁能忘记慕尼黑萨克美术馆（Schack-Gallerie）里面伦巴赫（Lenbach）对古代意大利绘画的精彩临摹作品？[*4] 但是完全不值得被称作真正艺术作品的是那些有意以早期绘画大师风格表达新想法的作品。这种做法注定要失败。这不是说一个现代艺术家，在广泛学习某个特殊学派之后，通过偏爱并崇敬某个特殊时期或绘画大师，不能形成自己的风格。这类作品明显地具有被崇尚绘画大师的精神烙印。在伦巴赫的作品中，我只会记起早期绘画大师画作的感觉，或记起 15 世纪英国绘画的风格。但真正的艺术家不能一会儿模仿波提切利，一会儿模仿提香（Tizian）[*5]，而一会儿又模仿拉斐尔·门格斯（Rafael Mengs）。

如果一个作家今天以埃斯库罗斯（Aeschylos）[*6] 的风格写戏剧，明天以戈哈特·豪普特曼（Gerhard Hauptmann）[*7] 的风格写诗，后天又以汉斯·萨克斯（Hans Sachs）[*8] 的风格写喜剧，大家会怎么想？更糟的是，何种作家会有可怜的勇气来承认其创作来源，显露其苍白？现在让我们设想一下，有一个国家级的诗歌学校。在那里，年轻艺术家被限制在只能进行模仿的教条中；在那里，在这种文学的条条框框中，他们没有任何活力。全世界都会可怜这种方法的受害者。然而这类学校仍然存在，不过不是诗歌的学校，而是艺术和手工艺方面的学校。

当然，我们在复制一个物品的时候，不能以任何方式对其加以改变。然而，由于我们不怎么尊重我们所处的时代，所以我们也同样地不尊重以前的时代。我们总能在古代作品中找到可批评的地方。我们总是异想天开地认为自己能做得更好。因此，我们总是用"完美"比例的说法来诅咒德国文艺复兴。就像所说的一样，为了"美化"风格，我们有必要作出改变。但这些年来，我们看到这些假定的美化工作并不是什么改进；旧风格或准确复制因其忠于原作而充满光彩，拙劣的模仿却因无数"美化"而变得惨不忍睹。对手工艺行业来说，这应该是有益的教训吗？绝对不是！工匠从中得出的结论是，美化工作进行得不够彻底！因为旧的物品远不合他们的口味。再一次，他们知道如何作出新的改进。若干年后，这种循环再度开始。若不是奥地利博物馆的新馆长结束了这种比西西弗斯（Sisyphus）[*9] 的劳作更加悲惨的状态，这种状况还将每天重复着延续下去。此后，那些以施图本灵街之外任何风格出现的、生产商希望展出的物品，必须是精准的仿制品。

根据这番言论，我们的青铜器行业如何立足？这可大不一样。这些不入学院派法眼的物品自然是最好的。或许由于这个原因，它们才

[*4] 弗朗茨·冯·伦巴赫（Franz von Lenbach, 1836—1904 年），德国肖像画家，画风承自提香（Titian）和伦勃朗（Rembrandt）。——英译者注

[*5] 提香·韦切利奥，1490—1576 年，意大利文艺复兴时期画家，威尼斯画派的代表。他擅长宗教和神话题材，其代表作有《天上的爱与人间的爱》《圣母升天》和《基督下葬》等，对后来欧洲的油画发展有较大的影响。——中译者注

[*6] 埃斯库罗斯，公元前 525 年出生于希腊阿提卡的埃琉西斯。他与索福克勒斯和欧里庇得斯一起被称为是古希腊最伟大的悲剧作家，有"悲剧之父"的美誉。其代表作有《被缚的普罗米修斯》《阿伽门农》等。——中译者注

[*7] 戈哈特·豪普特曼，1862—1946 年，德国剧作家、诗人，其代表作《织工》（1892 年）被看作是德国戏剧发展史上的里程碑。1912 年，由于"他在戏剧艺术领域中丰硕、多样而又出色的成就"，获得诺贝尔文学奖。——中译者注

[*8] 汉斯·萨克斯，1494—1576 年，德国16 世纪著名的民众诗人、工匠歌手。他在 73 岁时，把所写 6000 多篇作品手抄成册，取名《诗全集》。该作品以诙谐、生动的教训和写实主义的社会描写为特点。——中译者注

[*9] 西西弗斯，希腊神话中的古希腊国王。他因触犯宙斯被罚将一块巨石滚到陡峭的山顶，每次快到山顶时，石头就会滚下去，他又要重新开始，如此往复。——中译者注

未能展出。我正在讨论的是那些呈自然色的、拥有的维也纳特色的青铜小饰物。它们为格拉本街上每个漫游者带来乐趣。在这里，在日本风格的影响下，我们可以看到令人自豪且具有真正维也纳特色事物的诞生。然而当我四处打听，我只会得到一个答案：没有谁会留出地方来摆放这些"普通"的东西。但是，他们会将非常满意的目光投向那些由最著名建筑师或教授为展览提供的艺术品。这些有名的绅士滥用了各种风格。

应用艺术学院开创了实用物品的新风尚。在维也纳，要获得一个好煤斗或一个壁炉挡板不是件容易的事！要找到好的门窗五金件也很困难！我曾在某篇文章中写到道：近 20 年中，我们的手被各式各样的门把手磨出过水泡——从文艺复兴式到巴洛克式，再到洛可可式。然而，我也见到过一个合适的门把手；只要在附近，我都会去参拜一下。这个门把手位于科尔马克特街的新建筑中，由柯尼格（Königs）教授设计。但我劝你不要去那儿，我亲爱的读者！如果你去了，他们会以为我在揶揄他们。因为这个门把手是如此的质朴。感谢上帝，展览中值得注意的有鲍杜因·海勒公司（Balduin Heller's Söhne）的专利产品——手杖和雨伞。这两样产品没有任何装饰。因此，我再怎么推荐它们也不为过。当各种门闩、画框、墨水池、煤铲以及螺丝锥引起喧嚣的时候，这样低调的物品更应该得到双倍的支持。

前些年因其简朴而从英国引进的黄铜床，已经经过修饰，出色地适应了维也纳人的喜好。它夺人眼球，大有与门闩、画框、铲子及其他物品相媲美之势。

木匠在银色庭院的左右两侧展示其产品。他们先设置一些展示隔间，再在隔间里面建造放样品的房间。这是多年来每次展览的布展方式。因而木匠告诉其客户：你应该这样生活！

可怜的客户！他不被允许安排自己的生活空间。这简直太糟糕了。他将不知道从何开始。"时髦"的住房，我们这个世纪的伟大战利品，它需要非凡的知识和技术秘诀。

过去就不是这样的。在 19 世纪初之前，人们都没有这些问题。人们从木匠那儿购买家具，从裱糊匠那儿购买墙纸，从青铜器铸造者那儿购买灯具配件，等等。如果所有这些物品放在一起不搭配呢？可能会有这种情况。但人们不会被这类问题冲昏头脑。那时候人们装饰自己房屋的方式就像今天他们如何打扮自己一样。我们从鞋店买鞋子，从裁缝那儿买大衣、裤子和背心，从衬衣裁缝那儿买衣领和袖口，从帽商那儿买帽子，从车工那儿买手杖。这些商家都不了解任何其的他商家，但每样东西都搭配得很好。怎么会这样？因为所有这些商家都按照 1898 年的样式工作。家具行业的工匠早先也按这种方式工作，每个人都遵照同一种风格，一种如今已被取代的风格——现代风格。

但突然间，现代风格的名声变坏了。这个问题太复杂，其原因没法在本文中解释。简而言之，就是人们对其所处的时代不再满意了。以现代的方式行事、思考和感觉，都被认为是肤浅的。学识渊博的个人追求让自己沉浸于另一个时代；他把自己假想成一个古希腊人或中世纪玄学家或文艺复兴时期的人物，并从中获得乐趣。

当然，这种欺骗性对诚实的工匠来说并非力所能及的事。他不能参与其中。他太了解人们该如何在衣柜中储放衣物，太了解他的同胞想要如何休息。但现在，顾客根据其各种不同的精神信条要求他制作各种箱子和椅子——希腊式的、罗马式的、哥特式的、摩尔人式的、意大利式的、德国式的、巴洛克式的和古典式的。此外，一个房间要以一种风格装饰，而隔壁的房间则要以另一种风格装饰。就像我所说的，工匠简直不能跟上这种节奏。

然后他受到监督，时至今日他仍觉得自己处于那样的境地。首先，学者型的考古学家将自己设定为工匠的导师。但那没持续多长时间。然后是家具商；没有人能过多地反对他。由于他在前几个世纪没做什么，所以没法很好地去限制他模仿古代式样。他抓住了这种优势，在市场上投放出无数新的样式。他制造的家具有着过度的填塞，以致家具师的木工手艺再也显露不出来了。这些家具引来人们的大声欢呼。公众现在已经有了足够的考古学知识；人们最终非常满意地在家里布置了属于他们所钟情时代的家具，这些家具似乎是现代的。而家具商，这位高贵的人，早就开始辛勤地缝制并填塞他的垫子。现在他留起了长发，穿上了天鹅绒夹克，打起了随脚步飘动的领带，他成了艺术家。他把词语"垫子制造者"从公司的标志上去掉，并用"装饰设计师"来替代。这样便有了一个更好的光环。

室内：序幕[*1]（Interieurs：Ein Präludium）

《新自由报》，1898 年 6 月 5 日

[*1] 这篇文章在《言入空谷》德文第一版第 49-53 页

*2 马卡特（Makart）花束是 19 世纪 80
年代在维也纳特别流行的一种室内装
饰，由干花、叶子和水果精心制作而成。
它由 19 世纪学院派艺术的代表人物汉
斯·马卡特（Hans Makart，1840—1884 年）
发明。汉斯·马卡特不仅是 19 世纪后半
期最著名的画家，也是当时最伟大的魔
术师和室内设计师，其装饰风格再现了
洛可可的光彩和传说中的辉煌，与环城
大道（Ringstrasse）全盛时期的建筑风格
相一致。——英译者注

因此，家具商开始了他们的统治时代；这种统治都能让我们感
受到一种深入骨髓的恐怖。天鹅绒和丝绸、丝绸和天鹅绒、马卡特
（Makart）花束 *2、灰尘、令人窒息的空气、黯淡的光线、门帘、地
毯以及"各种布置"——谢天谢地，现在我们完成了所有那些工作！

但之后，家具师又有了一位新的导师。这就是建筑师。建筑师精
通于专业文献，因此他能够轻松地完成各种风格的设计委托任务。你
想要个巴洛克风格的卧室吗？他将为你造一个巴洛克风格的卧室。中
国式痰盂呢？他可以为你造一个。他什么都能做，任何风格的都能做。
他能设计任何实用的物品，从任何时代的物品到任何人的物品。他拥
有这种神奇生产能力的关键秘密就是一张描图纸。在收到订金后，他
便马上带着描图纸到应用艺术学院的图书馆去——如果他的私人藏书
很多，无须到当地书店去购买图书的话。下午他就一直坐在图板前，
开始描摹绘制巴洛克风格的卧室或中国式痰盂。

但这些建筑师设计的房间有一个缺点。这些房间不够舒适，它们
赤裸裸且感觉冰冷。以前，房间中只有织物的地方，现在却只有侧面
轮廓、柱子和檐口。然后家具商又牵扯进来；他大量地减少了门窗处
的舒适性。唉，当网状窗帘和门帘不得不被取下送去清洗时，再看看
房间吧。没有人能在裸露的房间待很久。当窗帘和门帘被送去清洗的
期间，主妇若接待来客则会感到无比尴尬，因房间的舒适和私密感都
被送去清洗了。这些全是陌生的，因为尽管这些房间最大限度模仿文
艺复兴风格，但文艺复兴风格却没有这种方便性。而文艺复兴风格房
间的舒适性已经是众所周知的了。

今天建筑师仍占主导地位，但我们看到画家和雕塑家正如何逐渐
伺机取而代之，成为其继任者。他们能表现得好些吗？我认为不能。
木匠不能容忍任何导师，是他们摆脱强加在其身上且完全不合理的指
导的时候了。当然，我们不能期望我们的木匠具有不切实际的品质。
他说德语，1898 年维也纳人说的德语。如果他不能同时说中古高地德
语、法语、俄语、汉语和希腊语，请不要责怪他愚蠢和不称职。他当
然不能。但是，他对本地语言也有点生疏了，因为他已经被压制了近
半个世纪，被迫对收到的指示进行鹦鹉学舌。不要要求他能立即用自
己的语言表现为一个艺术品鉴赏家。请给他时间慢慢重新熟悉自己的
语言。

我非常清楚这番话对于木匠和大众都没什么用。工匠已经多年被
迫依赖于导师，以致他无法自信地提出自己想法。而大众也以完全同
样的方式被胁迫。奥地利博物馆馆长霍夫拉特·冯·斯卡拉已经尝试
介入其中，他以一种有用且有支持的方式进行干预。他通过其复制的
英国式家具来例证，公众也可以买到由木匠感觉、构思并制造的家具。
这些家具没有侧面轮廓和柱子；它们实用仅因为其舒适、用料结实且
做工精良。它们是被转化成木匠语言的维也纳香烟盒。许多工匠大师
那时必定暗自想过，我真的能在没有任何建筑师的协助下自己制作那
种椅子！只需要再多一些这样的圣诞节展览，我们将拥有一代不同的
木匠。公众已经在那儿等待着新事物的来临。

是的，公众在等待。我确信这一点，因为我收到了无数来信，询问按照现代风格工作的工匠的名字。"请告诉我那些遵循霍夫拉特·冯·斯卡拉的进步建议进行生产的家具厂的可靠地址。我正计划布置一个沙龙，但当我四处询问，他们总是向我推荐路易十五风格、路易十六风格、帝国风格等之类的家具。"这就是我从外地听到的抱怨。这值得深思。

在手工艺协会的会议室，维也纳的艺术与手工艺工人表达了他们的抱怨情绪。这都是霍夫拉特·冯·斯卡拉的错。"你看，建筑师先生"，一位工匠在会后对我说，"我们现在的日子相当不好过。我们的好日子已经过去了。20 年前，我的一个枝形女性雕像吊灯能卖 100 基尔德（gulden，货币单位）。你知道现在同样一个枝形女性雕像吊灯能卖多少钱吗？"然后他说出了一个确实很低的价格。对这个人，我感到遗憾。他似乎打定主意一辈子都要做枝形女性雕像吊灯。但愿有人能说服他另辟蹊径。因为人们不再想要枝形女性雕像吊灯了。他们要的是新东西，新东西，新东西。对我们的手工艺产业来说，这确实非常幸运。公众的口味在不断变化。现代产品将要价最高，而非现代产品将要价最低。因此，维也纳的工匠，你们可以选择！但是，那些仅仅因为其库房里堆满了非现代家具而对现代运动感到恐惧的工匠，他们没有权利反对现代运动。最不济的说，你有权利要求那些必须保护所有工匠利益的国家机构（如奥地利博物馆）的主管，让他们站在促进你家具存货销售的立场上。但这些国家的公务员可能不会涉足这类事务。

今天我希望只谈谈维也纳木匠在圆顶大厅（Rotunde）中为其产品所选择的环境。木匠协会是在一个极为普通的环境中，而下奥地利手工艺联盟的艺术与手工艺分部则处在非常好的环境中。不要以两者成本的不同为理由来反对我的说法。艺术与手工艺分部的建筑师从不会在木版上弄上石刻样式的罗马大写字母。这种做法的美化效果还通过画家的艺术性得到强调。这是两次的模仿！不幸的是，维也纳人已经沉浸于这种简单伪造把戏的快乐之中。然而，建筑师普里奇尼克（Pletschnik）[*3] 从维也纳手工艺协会那儿获得机会以展现其非凡的本领——这是一个所有具有现代思维方式的人都应该感激的机会——他以一种不寻常的方式完成了任务。展览总体上带着一种优雅，但展品却不足以称道；它们的品质太不均衡了。每个展示隔间用深绿色天鹅绒框起来，天鹅绒上面粘着用纸板剪裁出来的装饰，并覆盖着浅绿色的丝绸。它的效果因银盘和银色字母而显著加强。整个展示用白色天篷覆盖，上面有沉闷的紫罗兰色装饰，这是维也纳天篷装饰问题的最佳解决方案。精美的花边将白炽灯隐藏了起来。多么迷人而又独特的效果。脚下是红色的地毯。你只需观察人群就可以了。看看他们怀着怎样的崇敬之情流连于各房间。就连门前的擦鞋垫都被人们热情地使用。

[*3] 约瑟夫·普里奇尼克［Josef Pletschnik（Plečnik），1872—1957 年］，维也纳分离派建筑家，奥托·瓦格纳学派（Otto Wagner School）的成员。最著名的作品有扎卡尔住宅（Zacherl House，1903—1905 年）和圣灵教堂（Heilig-Geist Church，1910—1912 年）。——英译者注

查拉住宅，1926-1927 年
资料来源：Panayotis Tournikiotis, *Adolf Loos.*

我在前一篇文章中提出的要求无异于异端邪说。考古学家、室内设计师、建筑师、画家、雕塑家中的任何一位都不应该设计我们的家。那么，该谁来完成这项工作？答案非常简单：每个人应该是自己的设计师。

当然，我们将不可能住在"时髦"的家里。但是这种"时髦"，加了双引号的时髦，并不是真正必需的。那么什么是时髦？这很难定义。我认为，这个问题的最佳答案是由健壮主妇所给出的："当床头柜上装饰有一个狮子脑袋，当沙发、箱柜、床、椅子、盥洗盆上面也装饰有同样的狮子脑袋，简而言之，当房间里所有的物品上都装饰有同样的狮子脑袋时，人们才认为这个房间时髦。"你发誓，我亲爱的工匠，你能诚实地说你对于唆使人们持有如此荒谬的观念毫无责任吗？并不总是狮子脑袋。还有柱子、门旋钮或者栏杆，这些也常常被强加在所有的家具上。只不过有时候长些，有时短些，有时厚些，有时薄些。

这种房间折磨着可怜的居住者。哎，那些冒险购买额外家具的不幸屋主！因为在原有家具的附近是绝对不能容下任何其他东西的。如果屋主收到了礼物，他都找不到地方来放。如果屋主搬到一个尺寸与原房屋不同的新地方，那么他不得不放弃永远拥有一个"时髦"的家的念头。然后带旧式德国装饰的长沙发椅[*2]，可能将不得不被放置在蓝色洛可可风格的沙龙中；而巴洛克式的箱柜，则可能被放置在帝国风格的起居室里。真可怕！

与之相比，蒙昧的农夫、贫穷的工人和年老的女仆则要幸运得多。他们没有这类问题。他们的家中没有时髦的装饰。这件家具买自这里，那件买自那里。所有的家具混搭成一体。但这如何解释？这要归功于画家有一定的风格。他们忽略了我们华丽的家，却为蒙昧的农夫、贫穷的工人和年老的女仆描绘室内。而人们要怎样才能发现这类室内的美丽呢？因为我们已经被教育成认为只有"时髦"的家才是美丽的。

但画家是对的。由于画家训练有素且历经实践，他们在看待生活中所有外在事物时要比其他人具有更为敏锐的眼光。他们的眼光比其他人要犀利些。他们认识到了我们时髦房屋中的空洞、做作、怪诞和不协调。人们在这样的房间中不会感到舒服，而这些房间也不适宜人们居住。那这些房间能怎样呢？建筑师、室内设计者甚至都不知道其客户的名字。就算房主已经为这些房间支付了超过其价值百倍的价钱，这些房间仍不是他的房间。这类房间永远只是它们构思设计者的精神财富。它们也不能对画家产生任何实质的影响。它们缺乏与房间居住者有精神上的联系；它们缺乏画家在蒙昧的农夫、贫穷的工人和年老的女仆房间中发现的某些东西：它们缺乏亲切感。

谢天谢地，我并没有在一个时髦的家中长大。那时还没有人知道什么是时髦的家。现在很不幸，我家里的一切都不同了。但那些日子是多么美好！这儿是桌子，一件完全令人着迷而难懂的家具，一件有着令人惊讶的、如锁一般工作原理的伸缩桌。但这是我们的桌子，我们的！你能理解这意味着什么吗？你知道我们在那儿度过了怎样的美好时光吗？当我还是个小男孩时，当晚上亮起灯时，我从来都不愿意

圆顶大厅室内（Die Interieurs in der Rotunde）[*1]

《新自由报》，1898 年 6 月 12 日

[*1] 这篇文章在《言入空谷》德文第一版第 54-59 页。

[*2] 德文为 *Dekorationsdivan*（Decoration Divan）。——英译者注

离开那张桌子。父亲经常模仿守夜人吹号角的声音，吓唬我回自己的卧室。家里还有张写字桌。桌子上有一个墨水污点；那是我妹妹赫迷妮（Hermine）小时候打翻墨水池溅上的。那里还有张我父母的相片！相框是多么难看啊！但这是父亲店铺里工人送给我父母的结婚礼物。椅子也非常老式！这是祖母家里用剩下给我们的。家里还有一只编织拖鞋，它里面能装一支挂钟——这是我妹妹伊尔玛（Irma）在幼儿园做的。每样家具，每个东西，每件物品背后都有一个故事，都有一段家庭历史。这座房屋永远没有被完成；它随着我们成长，我们在里面长大。当然，我们的房屋没什么风格。这意味着它没有陌生感，没有属于某个时期的感觉。但我们的家确实也有一种风格——住在里面的人的风格，我们家庭的风格。

在"时髦的"家大行其道的时代——我们知道每个人都已经将自己的家装饰成旧德国式风格，而且没有人愿意落后——所有的"旧废物"都被扔了。这些废物变得如此陌生；它们是家庭的神圣遗物。只有一样东西被留了下来——墙纸。

但现在我们已经受够了。我们希望再次在四面墙之内做自己的主人。如果我们没有风格，那好，我们的家就按照没有风格的方式装饰。如果我们有风格，那就好多了。我们将不再忍受自己的房间。我们将所有东西一起买来，买来我们随时随地能用的东西，只要我们乐意。

只要我们乐意！是的，这样我们就可以获得我们长期以来一直在寻找的风格，一种我们希望自己房间所具有的风格。这种风格没有狮子脑袋的装饰，但就我所知，它却由个人或家庭的好喜好或坏喜好产生。将一个房间中所有家具联系在一起的因素就是：这是房主自己做的选择。即使他没有以一种逻辑的方式来设计和布置，特别是在颜色的选择上，这仍算不上不幸。和一个家庭一起成长的家具有包容性。从另一方面来看，当在"时髦的房间"中增加一个不同风格的小玩意时，整个房间则会被"毁掉"。而在与家庭共同成长的房间里，任何新东西都会立即融入原有的空间之中。这样的房间就像小提琴。你可以通过弹奏来了解一把小提琴，可以通过居住来了解一个房间。

自然，那些不用于居住的房间与本讨论无关。我会让水管工人处理化妆室和浴室；让相关专家处理厨房。最后，对于那些用于宾客接待、庆祝以及为特殊场合准备的房间，我会找来建筑师、画家、雕塑家和室内设计师。每个人都会找到能满足其特殊需要的设计师。虽然在商品生产者和消费者之间总有一条精神上的纽带，但这肯定不能延伸到居住的房间。

通常就是这样。即使国王也居住在按照他要求布置的房间中。但是他在由宫廷建筑师建造的房间中招待宾客。当看到金碧辉煌房间中的精彩物品，宾客会感叹："啊，他有这么好的东西！如果我能跟他住得一样该多好啊！"因为这些价值不菲的物品，只能让人想象到国王身穿深红色的貂皮大衣，手拄权杖头戴皇冠，在花园里徜徉。毫无疑问，他一继承遗产，就立即用这些好东西来装扮人们假想中的皇室生活。实在感到奇怪的是，我从没看到过有人穿着深红色的衣服四处乱跑！

　　渐渐地但确信地，人们充满惊愕地发现，即使国王也生活得相当简朴。这种倒退让人太意外了。简朴就是结论，甚至连舞厅也是简朴的。当其他国家正要再次掀起时尚潮流的时候，而我们却正打算退却。无论我们的工匠感觉多么多么遗憾，这些都已经注定了。爱好与对多样性的渴望总是如影随形。今天我们穿窄的裤子，明天又穿宽松的裤子，而后天我们又恢复到穿窄的裤子。每个裁缝都知道这点。是的，你会说，我们能将宽松的裤子留到下次再流行时再穿。哦，不！我们需要宽松的裤子，这样我们将乐意再次穿窄的裤子。我们需要一段时间有简朴的舞厅，是为了让我们准备好去迎接精美舞厅的回归。如果我们的工匠希望更快地度过简朴时期，那这里只有一种办法：接受现实。

　　目前，我们只是正在进入这段时期。有人会根据实际情况指出，圆顶大厅中最受欢迎的房间也是最简朴的房间。那是一间带浴室的卧室，专门为设计师自己所准备。我想这可能是大家被这个房间强烈吸引并排队参观的原因。这个房间随着个人的全部魔力而跳动。没有人曾经能住在里面，没有人能拥有它，没有人能完全生活在里面，只有房间的主人奥托·瓦格纳本人可以。

　　霍夫拉特·艾克斯纳（Hofrat Exner）[*3]立即把该房间搬到巴黎世界博览会上。这样它将可以起到愚弄巴黎人的作用，让他们以为维也纳人是如此这般地沐浴和睡觉。但你我都知道，我们还远没有到达这个地步。但这个房间将导致我们的家具行业发生巨大的变化。因为正如我之前所指出的，人们喜欢它。奥地利博物馆已经准备好举办圣诞节展览。想想看，现在维也纳人甚至觉得铜床好看。它毫不精美，只是人们可以想象到的最简朴的床。甚至家具商都不像以前一样，用织物把床的条杠遮掩隐藏起来。这就是说，铜床过去总是需要被"填充"起来。光亮的绿色板墙围合出房间；贵重的雕版画分隔空间。房间里有一把覆盖着北极熊皮毛的长软椅、两个铜质床头柜、两个碗橱、两个柜子、一张桌子、两把扶手椅，以及几把其他的椅子。板墙顶部的布墙纸上绣有樱桃树枝图案。床上方的顶棚也以同样的方式装饰。顶棚用涂料刷白；白炽灯挂在从顶棚上垂下来的丝绳的末端，绕成环形。这些颜色搭配起来——绿色树林、黄铜、白色皮毛和红色樱桃——给人留下非凡的印象。我要忍住不去讨论房间中的椅子。但就让我说说地毯是如此的不合适吧。我们早就抛弃了以前那种会绊脚的玫瑰花边。我并不认为地毯上有暴露树根的图案会给人绊脚的感觉。问题是整个地板（地毯）上都是伸出的樱桃树根的图案。

　　浴室就像一件珍宝。墙面层、楼地面层、长软椅套和枕头都是使用柔软的浴袍面料。这里使用了柔和的紫罗兰图案；镀镍家具、化妆用品和浴缸呈现出的白色、紫色、银色构成了主色调。洗浴间确实是用镀镍平板玻璃板做成。甚至盥洗盆上的水晶玻璃及其显眼的固定装置，都是根据瓦格纳的设计做成的。

　　我反对把建筑及其里面的所有东西（小至煤铲之类）都交由一个

[*3] 威廉·艾克斯纳（Wilhelm Exner, 1840—1931 年），出生于一个富裕铁路家庭的工程师和工艺师。他于 1879—1904 年间担任技术行业博物馆（*Technologische Gewerbemuseum*）的馆长，期间颇具影响力。——英译者注

建筑师设计的倾向。我认为这会导致建筑呈现出单调的面貌。这么一来，所有的个性都丧失了。但我要将天才的奥托·瓦格纳排除在外。因为他具有一种素质，一种我只在少数英美建筑师身上发现的素质：他能跳出建筑师的身份，并进入他所选择的工匠的角色。当他做一个玻璃水杯时，他会像一个玻璃吹制或切割工人那样思考。当他做一个铜床时，他会像一个黄铜行业工人那样思考和感觉。这时，他所有了不起的建筑学知识和技能都被抛在一边。他随身只携带一样东西，那就是他的艺术才能。

尽管奥托·瓦格纳（Otto Wagner）[*2] 房间是由一位建筑师设计，但这不是那个房间显得美好的原因。由于这位建筑师为其房间亲自设计室内，这个房间将不适合任何其他人，因为它将与其他人的个性不符。对任何其他人来说，它都不够完美；因此，我们可以不再谈论美，这样做会产生矛盾。

通过美，我们理解了最高程度的完美。这样就完全不可能讨论任何不实用的东西是否美丽。任何物品想要称得上"美"，其基本要求就是不能影响功能。当然，功能性物品本身不美。达到美还不止这个条件。16 世纪意大利艺术的理论家可能对此有着最为清晰的表述。他说，"一个物体只有完美到增一分嫌多减一分嫌少的程度，它才是美的。只有这样，它才拥有最完美和最完整的和谐。"

美的男人？他是最完美的男人，他身体强壮且智商高，能最好地保障后代健康和家庭生活条件。美的女人？她是完美的女人。她的责任是激发男人爱她，照顾小孩并让他们茁壮成长。因此，她有最美的眼睛——能干而犀利（没有近视且不羞怯）、最美的脸庞、最美的头发、最美的鼻子——能让她呼吸顺畅的鼻子。她有最美的嘴巴，最美的牙齿——能以最佳状态咀嚼食物的牙齿。自然界中没有什么东西是不相关的。我们可以将各部分最大限度的功能性和谐称为纯粹的美。

因此我们看到，实用物品的美只存在于其使用目之中。对实用物品而言，没有绝对的美。"看那，那张书桌真漂亮！""那书桌？为什么，它很丑嘛！""它根本就不是一张书桌！它是一张台球桌！""噢，是台球桌。当然！它是一张美丽的台球桌。""看！好可爱的一副糖夹！""什么，你认为它好看？我认为它很糟糕！""但它是一把煤铲！""那么，当然，它是一把可爱的煤铲！""X 先生的卧室多么精美啊！"（X 在这里指代你认识的最愚蠢的人。）"什么？X 先生的卧室？你认为那也叫精美？""噢，我搞错了，这是奥贝伯拉特[1]·奥托·瓦格纳的卧室，他可是他那个时代中最伟大的建筑师。""那当然，那件卧室确实很精美。"除了意大利农民以外，谁都会觉得那些最美丽但最肮脏的旅馆实际上很难看。而只要考虑到这些农民的自身状况，那他们的看法也是对的。

所以这点适用于所有的功能性物体。例如，瓦格纳房间中的椅子美吗？我认为不美，因为我坐上去会感觉不舒服。可能其他许多人也会感觉到不舒服。但很可能奥托·瓦格纳坐在上面就非常舒服。因此，在他的卧室中，在这个他不用来接待宾客的房间中，椅子是美的（当然前提是他自己觉得坐着很舒服）。这些椅子的外形类似于希腊椅子的样子。但经过了这么多个世纪，坐姿和休息的姿势都已经发生了巨大的变化。这从来都不是静止不变的。每个国家和每个时代都不一样。我们感觉很难受的姿势（只要想想东方人）对别人来说却可能很合适。

坐用家具（Das Sitzmöbel）[*1]

《新自由报》，1898 年 6 月 19 日

[*1] 这篇文章在《言入空谷》德文第一版第 60-64 页。

[*2] 奥托·瓦格纳（Otto Koloman Wagner），1841—1918 年，奥地利建筑师、规划师、设计师、教育家兼作家。他早期学习古典建筑设计，擅长设计文艺复兴样式的建筑。19 世纪末，他的思想开始转变，提出新建筑要来自当代生活，表现当代生活。1895 年，他出版《现代建筑》（Moderne Architektur），体现基本的分离派的思想。分离派的著名建筑师奥尔布里希和约瑟夫·霍夫曼都是他的学生。

现在我们对椅子的要求，不仅是能坐在上面休息，而且是还要能快速地得到休息。"时间就是金钱。"因此，如何休息成为一个专门的领域。脑力劳动后的休息姿势完全不同于户外运动后的放松姿势。体操运动后的休息不同于骑马后的休息；骑自行车后的休息不同于划船后的休息。是的，而且，每个人因费力程度的不同也需要属于自己的、专门的放松技巧。有人能利用各种坐下的机会寻找各种姿势来进行放松。你是否需要将一条腿搁在椅子的扶手上，尤其是在你特别疲劳的时候？实际上，这个姿势本身并不舒服，但有时候它却让人感觉很爽。在美国，大家都可以做出这个姿势，因为没有人会认为舒服的坐姿（因而得到快速放松）是不礼貌的。只要桌子不是用于就餐，那么人们就可以把脚架到桌子上。但是在我们国家，这种放松姿势会让人感觉是一种侮辱。在火车车厢中，仍然有人十分在意一些人把脚架在其对面的座位上或者躺下来休息。

英国人和美国人则没有这种思维方式，他们确实将放松的艺术发挥到极致。在 19 世纪里，他们发明的椅子的种类比世界上其他国家（包括各种人和各种生存方式）的总和还要多。根据每种活动需要不同类型椅子的原则，英国人房间里从来都不会有类型上一成不变的椅子。各种不同的坐下的可能性会出现在同一个房间里。每个人可以选择最适合他自己的椅子。唯一的例外是那些偶尔使用且所有使用者都带着相同使用目的房间：例如舞厅和餐厅。而在我们称之为"沙龙"的客厅里，则提供适合于房间功能的、易于移动的座椅。当然，这些椅子不是为了使人放松，而是为人们提供了坐在一起轻松聊天的机会。与坐在高背扶手椅上相比，坐在小的休闲椅上更便于聊天。因此，英国生产这种椅子。去年在奥地利博物馆的斯卡拉（Scala）圣诞展览会上，这些椅子还得以展示。要不是因为不知道在何种场合使用这种椅子，就是因为心里已经有了万能专利椅的印象，维也纳人认为这种椅子不实用。

在任何情况下，人们都应当慎重地使用"不实用"这个词。如前所述，在某些场合，甚至一些不舒服的姿势也可能被认为是舒服的。希腊人需要座椅背部具有空间，以供脊柱能大量地活动。他们肯定会认为我们的靠背非常不舒服，因为我们要求肩胛骨处有依靠。他们会怎么看美国人的摇椅？对于这种摇椅，我们仍搞不清楚怎么用！因为我们遵循一个原则，即坐在摇椅上时必须摇动。但我确信，这种不正确的假设是由其不正确的名称造成的。在美国，这种椅子被称作"摇椅"。而词语"摇晃"意味着轻轻地前后来回摆动。原则上来说，这种摇椅就是只有两条腿的椅子。因此人们坐在上面时，其两条脚将当作椅子的两条前腿。这种椅子是由一种重心后移且前腿抬高的舒服坐姿而产生出来的。椅子的后滑条是为了防止其向后倾倒。与我们的摇椅不同，美国摇椅没有前滑条，因为任何美国人都不会坐在上面摇摆。正是由于这个原因，人们发现许多美国人的房间里只有美式摇椅，而它们在这里很明显仍不受欢迎。

因此，每把椅子都应该是实用的。如果我们只为人们制造实用的椅子，那么我们可以完全无须室内设计师的协助，而赋予椅子被布置在家中的可能性。完美的家具造就完美的房间。一旦房间成为居住空间而不是用来炫耀的房间，那我们的家具商、建筑师、画家、雕塑家以及室内设计师等人就应当自我节制，以制造出完美、实用的家具。目前，我们只能依赖从英国进口家具来满足这种需要；不幸的是，除了模仿英国样式外，我们的工匠也得不到什么更好的建议了。当然，如果我们的工匠没有被切断与生活的联系，那么他们可能已经在不受任何影响的情况下，制造出了类似的椅子。由于两类家具之间有着如此之小的区别——其中一类是在某个文化时期由木匠所制造的，另一类则是在某个且相同的时期——只有专家才能分辨它们。

可笑的是，在 19 世纪末，我们能听到强烈要求摆脱英国影响，支持奥地利国家风格的声音。应用到自行车的设计上，此项要求听起来可能是这样的："放弃对英国制造产品的堕落模仿吧！用上施蒂利亚农场工人彼得·扎普菲尔（Peter Zapfel）的、真正奥地利的现代车轮来替代，作为你的范本吧！与难看的英国车轮相比，这种车轮更适应于阿尔卑斯山的风景。"

一个世纪又一个世纪，家具呈现出越来越多的相似品质。甚至在 19 世纪初，人们很难区分维也纳与英国制造的椅子。当时从维也纳到伦敦坐邮递马车要花数周的时间。但现在，在这个拥有了快速列车和电报的时代，有些奇怪的人希望在我们周围建立起第二座中国长城。但这是不可能的。相同的就餐方式导致了相同的银质器皿；相同的工作和放松方式的结果是带来了相同的椅子。如果要求我们放弃自己习惯的就餐方式，而像农民及其家人那样用一个碗来吃饭，那么这将是对我们文化的亵渎。道理很简单，因为我们的就餐方式起源于英国。就座的方式也一样。我们的习惯更接近于英国人的，而非上奥地利农民的。

如果让我们的木匠单独工作且没有建筑师的搅和，那他们将达到的同样的结果。如果各种形式的融合延续了从文艺复兴到成立维也纳议会这段时期内的节奏，那么现在所有国家的木匠工艺将几乎没什么区别，就像那些没有建筑师参与其中的、繁荣的手工艺：四轮马车制造、珠宝制造及精美的皮革制品。因为伦敦木匠与维也纳木匠的想法差不多，但伦敦木匠与维也纳建筑师的想法就很不同了。

卡玛别墅，1903–1906 年
资料来源：Panayotis Tournikiotis, *Adolf Loos*.

"通过看一个民族制造的壶，我们就能大体知道他们是什么样的民族，知道他们的文明发展到什么程度。"这是森佩尔（Semper）[*2] 在其《陶器》一文的序言中提到的。[*3] 人们或许可以进一步认为，并非只是壶才具有这种启示性的能力。每个器具都能表现出某个民族的一些风俗和特征。但是，陶器制品在这方面最具表现力。

森佩尔立即给我们举了一个例子。他描述了埃及和希腊妇女用以取水回家的容器。埃及的取水容器称为"尼罗河桶"或"水桶"；它看起来好似威尼斯人取水用的铜盆。它就像一个顶端被切开的大葫芦。它没有底座但有一个提手，又像一个消防水桶。这个取水桶向我们透露了关于整个陆地的信息，它的地形和水系。我们能马上获得以下信息：使用此容器的民族一定生活在低洼平原上，在缓慢流淌的河流的岸边。而希腊的容器则多么得不同啊！森佩尔描述到：

"……希腊提水罐的功能不是取水，而是截留从泉眼里流出的水。因此，其颈部呈漏斗状，罐身呈盆状，重心尽可能靠近容器的开口。伊特鲁里亚人 [*4] 和希腊的女人将提水灌顶在头上，提水罐装满水时直立地放着而空的时候则水平地放着。无论谁想用手指尖托住手杖使其保持平衡，他将会发现：如果将手杖最重的那一端放在顶部，那么该技巧将最容易完成。这个实验解释了希腊提水罐的基本形态（罐身就像心形的甜萝卜），其形态的最终完美由三个把手造就：在重心水平面上有两个水平把手，用这两个把手可以提起装满水的罐子；另外还有第三个竖直的把手，用它来运送和提起空罐子。这第三个把手或许还能让别人伸出援手，帮助提水的女人把装满水的罐子顶到她头上去。"

那就是森佩尔。他的言论很可能切中了许多理想主义者的要害。他怎么能认为这些华丽的希腊水罐的完美造型仅仅是来源于生活需要（这种完美的形状似乎被创造出来仅仅是为了表现希腊人对美的渴望）？水罐的底座、罐身、把手及开口尺寸仅仅是由相关功能所规定？但这将表明这些水罐最终只是实用的！我们总是认为这些水罐是美的！但为什么会这样？因为我们总是被教导：实用性排斥美。

在上一篇文章中，我冒险提出了相反的观点。随后我收到了许多信件，认为我的观点是错误的。因此，我必须用古希腊人的例子来反驳一下。我不想否认，我们的艺术与手工艺行业拥有如此高的地位，以致它完全排斥与任何其他民族或时代进行对比。但我认为，古希腊人也懂那么一点儿美。所以他们创造了只是实用的东西，也没考虑过，创造出来的东西美不美。他们也不用担心要去遵循什么美学规则。当一个物体被做得实用到不能再实用的时候，他们就称它美丽。随后其他的民族也称它美丽，我们也说：这些水罐很美丽。

今天是否还有人像希腊人那样工作？有的！作为一个民族，所有英国人都这么做；作为一个职业，所有工程师也这么做。英国人和工程师就是我们的希腊人。通过他们，我们获得了自己的文化；通过他们，这种文化遍布全球。他们是 19 世纪的完美的人……

玻璃与陶土制品（Glas und Ton）[*1]

《新自由报》，1898 年 6 月 26 日

[*1] 这篇文章在《言入空谷》德文第一版第 65-69 页。

[*2] 戈特弗里德·森佩尔（Gottfried Semper）是 19 世纪德国最重要的建筑师和建筑理论家之一，对于后世产生了重要的影响。——中译者注

[*3] 戈特弗里德·森佩尔，《技术与建构艺术（或实用美学）中的风格》，慕尼黑，1879 年。——路斯注

[*4] 伊特鲁里亚（Etruria）是处于现代意大利中部的古代城邦国家，包括了现今托斯卡纳、拉齐奥、翁布里亚的区域。——中译者注

希腊水罐是美丽的，像机器一样美丽，像自行车一样美丽。在这方面，我们的陶器不能与机器制造的产品相竞争。当然，这不是从维也纳人的角度来看，而是从希腊人的角度来看。19 世纪初，我们的陶器已经完全地吸收了古典元素。现在，建筑师也感觉到必须开始"拯救"。

我曾经看过一个小歌剧，说的是一个发生在西班牙的故事。故事描写了某类欢庆活动——我认为家族的首领在庆祝他的生日，并召来了一群学生进行合唱；这样也提供了一个机会，让作曲家创作一首西班牙歌曲并让服饰供应商为男性角色制作一些服饰。这些学生一遍又一遍地唱着同一首歌，不管在什么场合——婚礼、生日、洗礼、纪念或命名日：

我们只唱一首歌，
我们在所有场合都唱这首歌，
所以现在，歌唱者，就位吧！

这首有魔力的歌是这样的：
祝你健康，祝你健康，祝你健康！

我引用的这些歌词不一定很准确，因为我看这场歌剧至少是十年以前了。

我们的建筑师就像这群学生一样。他们只知道一首歌曲。它包括两个诗句：侧面轮廓和装饰。所有物品的风格和原理都是以相同的侧面轮廓和装饰来确定的——立面和钱包、墨水池和钢琴，以及键盘和展览设计。玻璃和陶器也是这样。首先艺术家画一条线。然后根据左手或右手的习惯，他在线的左边或右边开始接着描绘侧面轮廓，并不断地描绘轮廓。他们把这看成是一种乐趣。轮廓似乎从笔端自由地流淌出来。扁一点、圆一点、扁一点、一个凹凸，圆一点、扁一点、又一个凹凸，在这些动作间，不时地生成线脚。然后再描一遍该轮廓，便完成了这个旋转的图形。在看第二个诗句：装饰。这也是要借助几何学来解决问题。不过这不是为了使其与具体的含义相关联。就像那首歌一样清晰，这只是为了生成旋转的图形。总之，结果很不错。

然后，可恶的英国人来了，他们破坏了画板前的人的兴致。他们说，不要画！要生产！走出到外面的世界，去了解人们实际需要的是什么。只有当你已经理解了生活，你才能到窑炉和陶工的转盘前工作。因此，99% 的艺术家放弃了陶器制作。

当然，我们还没有达到那种程度。但英国人的思想方法已经渗入我们工匠的脑中，并使其反抗建筑的统治地位。最近，我听到一个同事向我抱怨。他说一个陶匠公开地拒绝按照其图纸来制作陶器。该陶匠甚至都不愿尝试一下，他只是不想被"拯救"。为此，却我暗自感到高兴。"那人是对的，"我告诉这位建筑师。而建筑师则可能认为我疯了。

现在正是我们手工艺行业开始考虑自身并试图摆脱所有不请自来的统治的时候了。无论谁想为此出力，让他受到欢迎。无论谁想与其他人一起系着围裙在嗡嗡响的陶匠转盘前工作或赤膊上身在火热窑炉前工作，让他得到称赞。但对于那些来自舒适的工作室并想对艺术家（艺术源自专门技能）和制造工人提出详细要求的业余爱好者，就让他们守在他们自己的领域——绘图艺术的领域。

工匠的解放源自英国，正因为如此，所有新物品都有英国样式。被我们称作斯泰因德尔雕花（steindl schliff）或沃尔兹恩雕花（walzen schliff）的新型雕花玻璃起源于英国。穿过棱柱横断面的线在整块玻璃上形成几何装饰图案。直边装饰以第一个名字来指称，而圆边装饰则以第二个名字来指称。我们的雕花技术已达到了如此高的水平，以致我们已经能与美国相竞争（一个技术已达到全盛状态的国家）。鉴于我们玻璃雕花工人的技艺，这没什么惊奇的。我们的许多产品在外形上还要更精美、更优雅、更复杂。美国雕花玻璃的特点是外形丰富。在我看来，这不太适合于这个时代了。几乎所有参展商都提供了他们的好产品。

人们现在看到的蒂芙尼玻璃第一次是在奥地利制造的。美国金匠蒂芙尼的儿子路易斯·C·蒂芙尼（Louis C. Tiffany）已经发明了一种新的玻璃装饰方法；这种新技术的发明得益于液体玻璃技术的最新发展成果和威尼斯玻璃工人的帮助。该技术不依靠雕花或绘画，而有赖于将一块玻璃以艺术的方式浸入彩色玻璃的大染缸中。因此，不同于在吹玻璃的过程中将不同玻璃块熔接在一起的维也纳方法，蒂芙尼的方法能在吹玻璃过程中以一块玻璃形成器皿的形状。如此创造出来的形式大概体现了现代手工艺所能达到的最先进水平。诺伊韦尔特（Neuwelter）[5]的作品非常温和，尤其是在着色方面。然而，这还只是个开头。

我们无法怀着同样的信心来谈论陶器行业。瓷器绘画仍坚守着18世纪过于考究和精美的传统。那儿有样式，制作陶器和意大利花饰陶器的样式！在其他的东西里面，我们发现了一个皇室的由内凹把手构成的烟灰缸。是否没有图案局之类的机构来针对这方面做些什么？玻璃器皿在这方面同样也非常差劲。人们经过它，默不作声。但在陶器部门，存在着这种自信满满的感叹："在所有国家，全部设计和样式都受法律保护。"天哪！难道所有国家不应通过法律来保护自己，以免受到这些设计和样式的影响？当很多人看到这种摆在前面的没有风格的作品，他们必然会有这种想法。

瓦利斯（Wahliss）公司在其大型展览会上，展出了已经投入生产的、用于大型餐桌服务的盘子样品。这些产品已经使所有人感到愉快。在这个领域，该公司已取得世界上无人能敌的地位。世界各地所有的皇室和贵族都使用其制造的瓷器。为印度王侯和美国大富豪提供的盘子品质相同。在我看来，这些盘子是一个新时代开始的象征。在这个新时代，一种文化将风靡整个世界。

[5] 波希米亚（Bohemia）的一个城市，当时以仿制蒂芙尼玻璃闻名。格拉夫·冯·哈拉赫（Graf von Harrach）的工厂就坐落在那里。——英译者注

住宅内部的丰富性，库纳公寓餐厅，维也纳，1907 年
资料来源：Panayotis Tournikiotis, *Adolf Loos*.

"诺伊施塔特（Neustadt）到了！所有人都下车！"一些人下了车。"但我们想去史戴菲尔斯多夫（Steffelsdorf）。""那么，你们还要再坐两个小时的邮递马车。""什么？还要再颠簸两个小时？真是可怕。"我们这是在奥地利。

"金斯顿（Kingston）到了！所有人都下车！"一些人也在这下了车。但他们想去朗斯代尔（Longsdale）。"那么，你们还要再坐两个小时的邮递马车。""什么？邮递马车？多么令人高兴……"我们这是在英国。

我们奥地利人暗自思忖：这些人一定是怪人，在 19 世纪末，他们宁可在邮递马车中颠簸，而不愿乘坐舒服的火车。但是让我们再稍微想想自己。与蒸汽火车和电车相比，我们更愿意乘坐小型出租马车。当然，只有在那种情况下，我们才会被关注。因为如果没有人围观，我们即使乘坐最快的小马车也没有乐趣。让我们诚实一点，平静地承认这个事实。

当然，对英国人来说，驾驶本身就够有乐趣了。在他们的内心和灵魂深处，他们对乡间小路仍怀有诗意。当英国人在城里时，只有在紧急情况下，他们才愿意乘坐出租马车或一马二轮有盖双座的小马车。即使最优雅的女士也乘坐公共马车（omnibus）或有轨电车，愿意夏天坐在马车的车顶上。在我们国家，我们不好意思坐在汽车的后面，在公交车上碰到熟人更是无地自容。然而如果要去乡下，人们却和其他人一起搭乘火车。

但在英国，当某人要去乡下，他会乘坐邮递马车。他不是坐在狭窄的双座四轮轿式马车里，也不是坐在双排座四轮马车里，而是高坐在四轮大马车的顶上。男女老幼五彩缤纷地混在一起，四匹精力充沛的马在前面拉车。护卫即售票员，用号角吹着愉快的曲子。没有乘客感到沉闷和无聊。没有人仰靠在座位上，似乎在向过路人说，"快点，看着我！"相反，他们欢笑着，愉快地聊着天，兴高采烈的样子。这就像一个大家庭。

在英国，每个人都能承担享受到这种乐趣的费用。大量的需求致使价格并不昂贵。四轮大马车在预定时间从各大旅馆出发。马车驾驶很远距离，直到没人旁观的乡村。当然，在维也纳人看来，这是一种无聊的乐趣。但是有钱有马的人也拥有自己的大马车。当然，这不再是真正的邮递马车，而是私人的马车。它被称作"敞开式四轮大马车"。朋友们经常被邀请来参加马车聚会。两个马夫中，有一个吹着号角，郊区居民会打开窗户，热情地附和他们的曲调。

这整件事与英国人深深热爱自然的性格相符合。没有比英国人更厌恶机器的了。只要有机会，他们便让自己从机器旁边解脱出来。机器属于工作的世界；私人的生活应尽量远离机器。他们对乡村诗意的召唤最为敏感。人们只有在英国生活过，才能理解这句我曾在报纸上看到话："今天，英国的贵族更喜欢乘坐邮递马车旅行；他们让仆人乘坐火车旅行。"

豪华车（Das Luxusfuhrwerk）[1]

《新自由报》，1898 年 7 月 3 日

[1] 这篇文章在《言入空谷》德文第一版第 70-75 页。

可能有一天，我们也会发展到这个程度。许多人认为，如果我们放弃某些民族的东西而以英国的东西替代，那将是非常不幸的。但我不这么认为。18 世纪，我们认为平原是美丽的，而山地是讨厌的。但如果我们消除这种对山地的幼稚恐惧，而像英国人那样热爱高山，这会让我们损失什么吗？但英国人想要的不仅仅是与山地建立起柏拉图式的理想化关系。他们没有在山谷中傻傻地望着耸入云霄的山峰。相反，他们是去爬山，尽管德国人对如此"疯狂的"英国人吃惊地摇着头。那么今天呢？我们没有都变成英国人吗？

如果我们能认识到山地的诗意，我们可能很快也会享受乡间小道的美丽。我们的马车行业已经准备好了。[*2] 如今，我们的马车行业早就与英国的该行业到达同一标准了。我们的制造者甚至都不需要作任何微小的改变。他们认为美丽的东西，英国的马车制造商也认为美丽。所以很难找到英国和维也纳马车间的明显差异。英国人和维也纳人只有一个抱负：制造雅致的马车。而两者带来了同样的结果。

真正的德国艺术和手工艺工人会强烈反对这些结果。"人们再次发现，"他们会说道，"英国人没有风格。维也纳人也没有风格。"他们会伤感地回忆起 17、18 世纪雅致的贵宾马车，回忆起这种光彩夺目、装饰丰富并闪亮镀金的马车。是的，但愿这类制造者会去拜访他们。但是不，即使是最没风格的破烂东西也能使这些人及其顾客感到愉悦。这是老一辈人的思考方式。但年轻的工匠，满脑子想着图纸上的装饰（他们将图纸称为"工作室"），最喜欢以"现代的"手法装饰马车，并在这些不幸的马车上稀疏地布置些装饰。

但马车制造商对这两种人说，"这关你什么事？马车本身好着呢。""但它没有装饰。"这两种人都为制造商展示了他们的设计。马车制造商笑着答道，"我确实更喜欢我自己的马车一些。""好吧，那告诉我们为什么！""因为它没有装饰。"

因为它没有装饰！马车制造商超越了艺术与手工艺业界的人，无论建筑师、画家还是家具商。让我们简单地回顾一下文明史中的一些章节。一个民族的文明程度越低，其装饰就越奢侈。印度人为每件物品、每艘船、每只桨、每个弓箭都覆盖上层层的装饰。将装饰视为优越性的标志便意味着和印度人处于同样的层次。但我们必须胜过我们阵营中的印度人。印度人说，"这个女人很美，因为她鼻子和耳朵上戴着金环。"文明程度高的人说，"这个女人很美，因为她没在鼻子和耳朵上戴着环。"只在形体而非装饰中寻找美，是全人类为之奋斗的目标。[*3]

与我们的皮革工艺品和行李皮箱行业一样，我们的马车制造行业必须将其优越性仅仅归功于幸福的环境，即我们没有建立关于马车制造的专业学校。因为在所有的专业学校中，手工艺被降至同印度人一样的水平。但实际上，马车行业的一个分支一直非常需要专业学校。建筑师在这个领域还没能起破坏作用，因为这儿用不着建筑师。这里，我指的是重型车行业。

[*2] 那时候，汽车还不存在。但人们已经开始预想它了。本文的前面部分也许能表明：一个事物必须先存在于想象之中，然后才会被发明出来。1931 年。

[*3] 这第一场战役便是反对装饰。

　　其他国家的重型车行业已经达到了我们国家的相同行业尚不能企及的水平。很遗憾，我们的承包商还没被要求关注改进。所有的改进和改造只由一种要求驱动：减少装卸所需的工人数量。但是在奥地利，劳动力成本仍然很低，人们没有理由来关注这类事情。抬起一块 4 立方米的石头，至少需要 12 个劳动力。卸下这块石头也需要相同的劳动力。成本"不值得一提。"但在美国情况就不一样了。驾驶员停下，手轻轻地动一下（他一点也不费力），最多保持 3 分钟，然后开走。那石头呢？石头已经在车里了。卸下石头的方式也一样。这种程序的所有秘密便在于车的巧妙构造。石头不是在车里运送，而是在车子下面，悬挂在离地面大约 30 厘米的高度。驾驶员将车子停在要运送的石头上方，把石头往上抬一点，将链条塞到其下面。然后他转动曲柄，吊起石头。因此，人们制造一种特殊的车来针对所有的东西，包括煤炭和大型展示橱窗中使用的平板玻璃。在这方面，一所学校或许能帮我们打破陈旧的、无法再用的方法。我们需要一所这样的学校，就像人们需要一小块面包一样——所以，我们可能将不得不为此而等上很长一段时间。

　　近几年来，豪华车已经经历了显著的革新。在这方面，维也纳也有落后的迹象。这与 C 型弹簧的广泛使用有关。读者知道，普通马车的弹簧由两个圆弧弓形组成，形成两个角。这被称作压缩弹簧。更雅致的马车还增设了弯成 C 型的弹簧。马车的防护罩固定在弹簧间，悬挂在皮带上。这种有 8 个弹簧的马车，用技术术语称作八簧（à huit ressorts）马车，已经成为世界各个大都市专门的主流车。只有维也纳处于落后地位。这好像不是我们的马车制造商没有能力制造这种马车。只是缺少订单。出现这种情况，是因为宫廷事务总署还没有引进这类马车。我们的马车行业正满怀期望地等待。实际上，我们的宫廷是今天唯一没有使用八个弹簧马车的宫廷。高贵的人还必须乘坐双座四轮轿式马车。这种马车有着不同的涂绘外套和修饰配件（指车内装饰），排列在出租马车站。

　　我们的马车行业在圆顶大厅中进行了非常壮观的展示。你绝对看不到差的东西；这或许是唯一能被如此评价的行业。阿姆布勒斯特（Armbruster）公司展示了两辆有趣的、英国 19 世纪 50 与 60 年代款式的四轮大马车——这种保守证明了该公司的出众地位。他们还展示了一辆各个细节都很到位的敞开式四轮大马车。罗纳（Lohner）公司展示了一辆邮递马车。根据伦敦马车俱乐部（Londoner Coaching Club）为这两类马车制定的规则来检验我们马车的正确性，是非常有趣的。该俱乐部每年举行两次会议。在伦敦，这通常被当成全国性的节日。只有符合规则的四轮大马车才被允许参加会议。我们的马车有点偏差。这自然不会对制造商造成负担，但会对下订单的人有影响，因为当然没有人会故意制造不正确的马车。

　　关于阿姆布勒斯特公司的一辆敞开式四轮大马车。它有黑色的防护罩、黄色的底盘与轮子，以及深蓝色的雕刻线，其盾徽（coat of arms）的位置非常引人注目。该盾徽处于车门上较低的位置。值得注意的是，它实在应该更大一些。在车里面，帽带、门上的袋子、挂灯笼的钩子都没有了。因为白天灯笼必须放在马车内。至于后部的座位，看看靠背，并与罗纳公司马车的靠背相比一下；备用梁[*4] 应挂在横梁上。[*5] 实际上，靠背是敞开式四轮大马车最显著的特征。但此处座位的尺寸只够两个马夫乘坐，因此便没有靠背；这与封闭式四轮大马车形成对比，封闭式四轮大马车的后部座位必须能容纳另外两个客人和护卫。

封闭式四轮大马车后部行李箱的铰链放错了地方。铰链应位于右侧，而不是位于下面。就像在敞开式四轮大马车上一样，打开的行李箱门还能当作桌子使用。在封闭式四轮大马车上，两个中间位子之间的条带网[*6] 的位置是正确的，但是，这却不应出现在敞开式四轮大马车上。靠背应该稳固，不能晃动。而在敞开式大马车上，靠背却允许晃动。因此，我们发现这两辆车都已经超出了马车俱乐部设立的指导准则的范围。然而，这两辆车在颜色上都是正确的。

内塞尔多夫协会（Nesseldorfer Geseilschaft）因展示其采用轻质木材和猪皮的游览狩猎四轮大马车而出名。效果非常好。J·威格（J. Weigl）公司展示了一辆美国的四轮单座轻便马车。该马车制造精良，即使是在其本国，人们也很难找到一辆与其同样完美的车。但总体上，我想提醒大家注意美国马车制造行业的最新"进步"。从技术上来说，他们肯定没有对手。但在形式上，他们却常有些错误。例如，他们现在开始用不合适的莨苕叶形的装饰板来修饰马车。这就是他们中的印度人。

[*4] 德文为 *Reservevorlegebalken*（reserve serving bar）。——英译者注

[*5] 德文为 *Ortscheiten*。支撑弹簧的横木。——英译者注

[*6] 德文为 *Riemennetz*。——英译者注

很容易想象我们 19 世纪如果没有木匠将会是怎样的；我们将只使用铁制的家具。[*2] 我们也可以想象没有石匠；水泥工将接替石匠的工作。但 19 世纪不能没有水管工。水管工已经留下了持久的印记，成为我们不可或缺的职业。

我们认为必须给水管工找一个法语名称。我们称其为装配工。但这不对。因为水管工是日耳曼文化思想的重要支持者。英国人是这种文化的守护者，所以当我们到处寻找给该职业起名字的时候，英国人应居先。此外，"plumber"（水管工）一词来源于拉丁文 plumbum，意为导管。因此，对于我们和英国人来说，它都不是一个外来词，而是一个借用词。

一个半世纪以来，我们都是从法国那儿间接地得到我们的文化。我们从未反抗过法国人的领导地位。既然我们认识到法国人愚弄了我们，认识到很长时间以来英国人一直都牵着法国人的鼻子走，那我们就正在为日耳曼文化对抗英国文化而建起阵线。我们不介意跟着法国人走；这很舒服。但是想到英国人才是真正的领导者——这使我们紧张。

我们必须接受日耳曼文化，尽管我们德国人仍然十分抗拒它。这对我们根本没有益处，即使我们大喊着反对"英国病"。[*3] 我们对生活的期望和我们的生存都有赖于它。

英国人一直有点远离熙熙攘攘的世界。由于几个世纪以来冰岛人为我们保留着日耳曼式的神话，所以也冲击着英国海岸和苏格兰峭壁的罗马浪潮，洗尽了德国本土的日耳曼文化的最后痕迹。因为德国人在感情和思想上已经变得罗马化了。但现在，他们正从英国重新拾回自己的文化。由于德国人具有闻名于世的固执坚韧的品质，他们现在便对抗英国文化，因为英国文化对他们来说似乎是新的。甚至连莱辛（Lessing）[*4] 都花了很长一段时间来试图让德国人了解伟大的日耳曼思维模式。不断有人起来反抗涌现出的各类戈特舍德（Gottscheds）。[*5] 而就在最近，相同的战斗流行于木匠工作室之中。

我们的戈特舍德连同法国文化和风格的模仿者，他们正在打一场必将失败的战役。我们不再害怕高山，也不再害怕危险；我们不再逃避路上的灰尘、森林的味道或者疲惫。消失的是我们对变脏的恐惧和我们对水的敬畏。在罗马人的世界观仍占主导地位的时候，大约是在伟大的路德维希（Ludwig）时代 [*6]，没有人会变脏，但当然也没有人会清洗。只有普通人才清洗。上层阶级就像上了釉彩一样。"如果他必须每天清洗，那么他肯定是个懒汉"，当时他们会这样说……在德国，今天他们可能还会这样说。我是最近在《飞页》（fliegenden）上看到这种事情的。[*7] 这是一位父亲对他年轻儿子的反应，而儿子转述其老师的要求，说他应该每天清洗。

英国人不害怕变脏。他们走进马厩，拍拍自己的马，骑上马背，飞驰在广阔的荒野。英国人亲手做所有的事；他们打猎、爬山、锯树。他们不喜欢当旁观者。日耳曼武士在英国小岛上找到了一处庇护所。由此，他们可以再次征服世界。在马克西米利安（Maximilian）[*8] 这

水管工（Die Plumber）[*1]

《新自由报》，1898 年 7 月 17 日

[*1] 这篇文章对应于《言人空谷》德文第一版第 76-81 页的内容。

[*2] 在此，第一个冲动就是想到钢铁家具。如今它已变得非常现代。1931 年。

[*3] 德文为 *Die englische Krankheit*。德国人对佝偻病（rickets）的戏谑称法。——英译者注

[*4] 莱辛（Gotthold Ephram Lessing），1729—1781 年，德国诗人，批评家及戏剧家。——中译者注

[*5] 约翰·克里斯托夫·戈特舍德（Johann Christoph Gottsched，1700—1766 年），德国文学批评家、哲学家、法国启蒙运动的信徒。他对 18 世纪的德国文字产生了巨大的影响，是文学中性腺（epigonal）美学理论的主要倡导者，主张对法国古典戏剧家和诗人进行模仿，将其作为德国文学的楷模。——英译者注

[*6] 巴伐利亚的路德维希一世（Ludwig I of Bavaria，1786—1868 年），1825—1848 年间为巴伐利亚国王。他的主要功绩是将慕尼黑转变成欧洲最美的大都市之一，使其成为艺术的中心；他的统治开始时自由，后来变得反动。在 1848 年大革命时，他被迫让位给他的儿子马克西米利安二世（Maximilian II）。——英译者注

[*7]《飞页》（*Die Fliegende Blätter*），1844—1944 年间发行的一份德国讽刺杂志。——英译者注

[*8] 马克西米利安一世（Maximilian I，1459—1519 年），是具有中世纪风范的、被称为"最后的骑士"的罗马帝国皇帝，是哈布斯堡王朝鼎盛时期的奠基者。——中译者注

位最后武士的时代和我们这个时代之间，是罗马人长期统治的时期。站在马丁斯沃德墙（Martinswand）[9]上的查理六世！[10] 真是不可思议！满头假发，呼吸着阿尔卑斯山的空气！查理六世从来不被允许，像普通猎人那样爬上山顶。他必须坐在轿子里被人抬上去——就算他曾经表达过本该如何，那在当时也只是个奇怪的要求。

在那样的时代，水管工没什么事情可做。这使得他们默默无闻。当然，那时有供水系统、喷泉用水和观赏用水。但却不提供浴室、淋浴和盥洗间。洗涤用水以节俭的方式定量配给。在保留了罗马文化的德国乡村，至今你仍可以找到我们英国化城市居民不知该如何使用的洗脸盆。情况并不总是这样。在中世纪，德国因用水而闻名。大的公共浴室（其中一个号称巴达尔（巴伯）的是今天唯一的遗迹）通常很挤，每个人每天至少洗一次澡。尽管在后来的皇宫中通常已无法找到浴室，但在德国居民的家中，浴室是最壮观和奢华的房间。有谁没有听说过位于奥格斯堡（Augsburg）的富格尔（Fugger）住宅中的著名浴室[11]，那可是德国文艺复兴的瑰宝！当德国人的世界观还成为标准的时候，并不只有德国人才热衷于运动、娱乐和狩猎。

我们仍然很落后。不久前，我问一位美国女士，在她看来奥地利与美国之间的最显著的区别是什么。她的答案是：管道工程！即卫生设备、制热、照明和供水系统。我们的水龙头、水槽、盥洗室、盥洗台等与英美的相应装置比较起来，还差得很远。美国人对我们印象最深刻的地方应该是：为了洗手，我们必须先到大厅里找一壶水，因为厕所里没有洗手的设备。在这方面，美国与奥地利相比，就像奥地利与中国相比。有人会反对，认为我们也有了这类安装供水设施的住所。确实有，但不是每个地方都有。即使在中国，也有为富人和外国人服务的英式管道设备。但是，大多数中国人都不曾听说过它。

没有洗浴间的家！这在美国是不可能的。美国人认为：在 19 世纪末，仍然有人口达几百万的民族，其居民不能每天洗澡，这实在是糟糕透顶了。因此，即使在纽约最穷的地区，也能找到花费十美分的、比我们乡村旅馆更干净和舒服的住处。这就是在美国所有阶层只用一个单独等候室的原因，因为即使在最拥挤的地方，都闻不到最小的气味。

在 19 世纪 30 年代，"青年德意志"[12] 组织的成员之一——《武士》（Kriegern）的作者劳贝（Laube）——发表了一个伟大的声明：德国需要好浴室。但让我们认真地想一想。我们其实不需要任何艺术。我们甚至都还没有文化。这就是我们国家需要拯救的地方。不是把马车放在马前面，不是花钱来制造艺术，他们应该首先尽力创造出一种文化。我们应该在学院旁边建造浴室，还应该同教授一起来指定浴室服务员。更高标准的文化将带来更好的艺术。这种艺术一旦出现，它将无须国家的帮助。

但是德国人——我想是大多数德国人——在家中用太少的水来清洁身体。当别人告诉他用水有益身体健康，他只在必须用水的时候才用。西里西亚*13的聪明农民和巴伐利亚山区*14的聪明牧师都将水当作药。水确实有用。患有最严重恐水症的人在水中嬉戏。他们也被治好了。这相当自然。谁不知道爱斯基摩人向旅行者抱怨其胸疼老毛病的故事呢？旅行者在病人胸前贴了一层膏药，并向那个将信将疑的病人保证过几天就会痊愈。当取下膏药，病痛消失了，而取下的绷带上也粘了薄薄一层污垢。多神奇的治疗啊！据说，很多人只能通过这种方式来被迫清洁、洗涤和沐浴。如果这种需要普遍存在，国家将不得不考虑这事。如果每个卧室没有其自己的浴室，那国家将不得不建造巨型浴场。与这样巨型浴场相比，卡拉卡拉浴场*15看起来就会像化妆室一样。对国家来说，使民众更爱洁净确实有益。因为，只有那些在用水方面接近英国人的人才能在经济上跟上英国人的步伐；只有那些在用水方面超越英国人的人必将能从英国人手里夺取主宰世界的权利。

然而，水管工是洁净的先驱。他是国家的主要工匠，是今天流行文化的舵手。每个带龙头和排水管的英式洗脸盆，都是发展过程中的一个奇迹。每个带有在明火上煎烤肉类的装置的炉子，都是德国精神的一次新胜利。这种变革也出现在维也纳的菜单上。烤牛肉、烤牛排和炸肉片的消费日益增长，而维也纳炸肉片和烤鸡（那些意大利菜）以及炖、煮、蒸的法国特色菜的消费日益减少。

我们的浴室器具可能是我们最薄弱的地方。这个国家的人在浴缸上不贴白色瓷砖，而愿意贴彩色瓷砖，因为——某个制造商（他未参展）天真地向我保证——脏东西将不会那么显眼。锡制的浴盆也搪上了暗色的瓷，而不是白色的，尽管白色是唯一适合的颜色。最后，还有些锡制的浴盆看起来像是大理石的。但也有人相信这套把戏，因为这些大理石般的浴盆也能找到买家。这些买家是仍然从印度人角度看待事物的好人（众所周知，印度人装饰所能触及的一切东西）。这有洛可可的冲洗阀门、洛可可的水龙头，甚至还有洛可可的盥洗台。实在幸运的是，仍有少数公司为非印度人提供产品。在 M·斯坦纳（M.Steiner）公司，我们可以看到优良的美式头顶淋浴。该产品是项新发明，光滑而雅致。H·艾斯德斯公司（H. Esders）制造有效率且在形状和颜色上都正确的设备。从纯技术角度都还值得一提的是：在回转阀的时代，继续使用曲柄阀是不合理的。它就是一顶旧帽子，一顶应被扔掉的旧帽子。曲柄阀并不便宜，而且更不耐用，还会带来其他诸多不便。甚至我们的水管工都不想要曲柄阀，公众应该从自身利益出发，坚持采用回转阀。

多用水是我们关键的文化任务之一。但愿我们维也纳水管工能完成任务，使我们离最重要目标越来越近，即达到与其他文明西方世界相同的文化水平。否则，我们将面临一些非常不愉快的、非常丢脸的事情。否则，如果奥地利和日本继续以各自当前的速度发展，日本人将先于奥地利人获得日耳曼文化。

*13 文岑茨·普里斯尼茨（Vincenz Priessnitz，1799—1852 年），一位没有接受过正规医学教育的西里西亚农民。但他在格拉芬堡（Graefenberg）的诊所却名震海外。在诊所中，他运用了水疗、清洁、锻炼与乡村生活的疗法。——英译者注

*14 塞巴斯蒂安·尼叶普（Sebastian Kniepp，1821—1897 年），在巴伐利亚的沃斯霍芬（Woerishofen）乡村工作的人道主义牧师和医师。在经历了其重病被水治好后，他致力于推广水疗法，包括各种沐浴和清洗、冷水暴露法、饮水处方，以及健康的饮食习惯和草药治疗。1890 年，他出版了《我的水疗法》（*Meine Wassercur* [My Water Cure]）一书，吸引了大量的读者；冠以他名字的治疗、水疗和其他产品在国际上广泛销售，尤其受美国人欢迎。——英译者注

*15 卡拉卡拉浴场是一个位于罗马的古罗马公共浴场，建于 212—216 年，卡拉卡拉皇帝统治罗马帝国期间。它是世上最大的浴场之一，其遗址如今为一个旅游圣地。如今的罗马式浴场都是以它作为原型。——中译者注

男式帽子（Die Herrenhüte）[*1]

《新自由报》，1898 年 7 月 24 日

[*1] 这篇文章对应于《言人空谷》德文第一版第 82-85 页内容。

[*2] 阿尔比恩，英格兰的旧称。

时尚是怎么决定的？谁决定时尚？这明显是很难回答的问题。

维也纳帽匠协会拥有以嬉戏的方式解决这些问题的权利，至少是在头饰领域。该协会每年围绕在官方的选材台旁举行两次会议，为整个世界明确规定下一季要带什么样式的帽子。我提醒你，决定范围是整个世界。这不将是属于维也纳本地服饰的帽子；这不将是我们消防队员、出租车司机、游手好闲的人、花花公子，以及其他维也纳本地人戴的帽子。哦，不，帽匠协会的成员可不管这些人头上戴什么帽子。因为严格意义上，帽子的时尚只是为绅士提供。每个人都知道，绅士的衣服与普通大众的各式衣服没有任何相同之处——当然，体育运动领域除外，就我们所知，体育运动是一项比较粗俗的活动。由于世界各地的绅士穿着相似，维也纳帽匠协会为整个西方文明世界确定头饰的样式。

谁曾想到，解决这些问题竟是如此简单！如今，人们或许会怀着崇敬的心态看待诚实的大师级帽匠。他为进一步增加丝质大礼帽的高度而投票，因此成为多数派中的一员。因此他独自迫使那些从巴黎到横滨的、想跻身上流社会的、闲荡的人，下一年将戴着更高的大礼帽。但是，从巴黎到横滨的闲荡的人知道什么呢，他们会怎么猜想在第十一区某处工作的诚实帽匠大师呢！他们说一大堆关于时尚专制的废话，也许在更积极的时候，说到变化无常的时尚女神！要是他们猜到第十一区的上等帽匠就是这个专制统治者这个神的话！

如果这个人（第十一区的上等帽匠）有事没能参加时尚帽子的投票，那后果将难以想象——或者由于伤风，或者因为他妻子那天晚上没给他自由，或者因为他完全忘记了。那么，这个世界将不得不戴上低顶的帽子。因此，有人肯定希望：帽匠协会的成员在面临巨大责任的时候，不要让任何事情阻止他们进行每年两次的投票。

我似乎听到读者提出这样的问题：是的，但巴黎、伦敦、纽约和孟买的帽匠会让维也纳的大师来规定时尚样式吗？我必须沮丧地回答你，很遗憾他们不会。这些讨厌的人，背负着不讲信义的阿尔比恩（Albion）的名声[*2]，当然不会自找麻烦地去在意投票结果。所以维也纳的这些投票真的毫无意义吗？确实如此。该投票是种没有害处的游戏，就像让布加勒斯特的帽匠或芝加哥的帽匠来投票一样无害。时尚绅士（世界各处被认为是时尚的绅士）戴的帽子，一点也不受这种投票影响。

但等一下，这个游戏不是一点害处都没有。实际上，时尚人士比我们帽匠通常想象的要更加多。自从这些人不再戴那种仅限于在国内显得时尚的帽子，自从我们的帽匠仅根据协会的建议制造这类帽子，时尚人士就被迫购买英国制造的帽子。我们也看到英国帽子在奥地利卖得怎样，即使相同质量的帽子也比我们的要贵出一倍，而且价格每年还以这个百分比递增，而协会推荐的帽子样式与控制时尚界人士选择的帽子样式的距离，却变得越来越远。更令人感到悲哀的是，人们认为由于我们的帽子质量这么好却价格这么低，它们轻松地就能在全球市场上具有竞争力。但是，维也纳帽子的对外出口却因其不正确的形状和结构而不断失败。

我们主要的帽子生产公司，因采用帽匠协会推荐的样式，而有了与时尚消费者最糟糕的经历。他们很快便放弃了原先遵循的标准。人们在普勒斯（Pless）帽店或哈比希（Habig）帽店，将不再看到那些样子。这种解脱立即就显现在了出口市场方面。哈比希帽子能在世界各地买到，例如在纽约和里约热内卢。但是我不理解：为什么宫廷帽匠，明明可以借助其海外联系及其时尚的客户圈来生产正确类型的帽子，但却从地方帽匠大师那儿学着做另一类不同的帽子。

帽匠协会只需要公布全世界尤其是精英圈子认为是现代的帽子样式，而非终止其成员随意创造的现代帽子。这样，出口将增加，而进口将减少。最终，如果下至最小城镇里的所有人都像维也纳贵族那样戴着优雅的帽子，那将也没什么不幸了。规定着装的时代已经过去了。但帽匠协会的许多决定对我们的帽子行业有着直接的负面影响。现在，大礼帽戴得比上一季要低一些。而帽匠协会已经决定，下一季要再次增加大礼帽的高度。结果呢？英国帽匠现在就已经在准备增加面向奥地利市场的丝质大礼帽的出口量。因为明年冬天，在维也纳制帽匠那儿将买不到现代的大礼帽。

协会的活动也有好的一面。奥地利的民族帽子——洛登呢帽（loden hat），已经开始走向世界。它已经出现在英国。威尔士亲王在奥地利打猎时，看到了这种帽子并为之着迷。他将其带回家。因此，男式和女式的洛登呢帽，风靡英国社会。这真是个关键时刻，特别是对洛登呢帽行业而言。当然，问题是，谁来为英国社会制造洛登呢帽呢？当然，是奥地利人——只要奥地利人生产英国社会想要的那些样式。但对此，需要有无限的敏感度，有对社会的准确了解，有对高雅有感觉，有对将要流行东西的敏锐嗅觉。不能由围绕在选材台旁的、大多数人做出的野蛮决定来强加给这些人以样式。大型制造商意识到了这一点，但是我认为，小型大师级帽匠也应该参与到其产品市场的可喜转变中去。只有在大师级帽匠的利益要求下，那么帽匠协会，如果它感到能够胜任此项艰难的任务，才应该接管这些事。但很可能，即使是大型的制造商都会拒绝这样做。然后，英国人将愉快地继承阿尔卑斯山区小帽匠小心保存了千年的宝贵财富。

因为英国人有与奥地利人不同的商业意识。他们为每种市场生产不同的帽子。我们一定不能受骗；甚至我们在维也纳商业区买的英国帽子也是现代帽子与帽匠协会帽子的折中产物。那些野蛮人最喜欢的东西就是为野蛮人制造的。英国人对待我们，就像对待野蛮人。而且他们有权这么做。通过这种方式，他们卖了大量的帽子给我们。相反，如果他们在这里卖最流行款式的帽子，其生意就会很差。他们不向维也纳人卖现代的帽子，而是卖维也纳人认为是现代的帽子。这两者之间有很大的区别。

正确的帽子只在伦敦销售。当我在伦敦买的帽子用旧了以后，我试图在这儿找一顶"形状正确"的帽子。然后，我发现这里卖的英国帽子与在伦敦卖的不一样。我让帽匠帮我从英国订购一顶王室成员正在戴的、那种款式的帽子。我再三强调，一定要保证是英国公司生产的。花费多少并不重要。好吧，我得到了很好的接待！在推托几个月之后，在已经电汇了一大笔钱之后，英国公司却完全取消了这笔交易。但对帽匠协会来说，获得这些样式却很容易。速度已不是问题。就算今天能买到英国社会三年前戴的帽子，我们都满足了。对我们来说，那样的帽子仍将是超级现代的，以至于还没有维也纳人会注意到它。这就是我们要求一顶现代的帽子所必须具备的。时尚发展地很慢，比人们通常想象的还要慢。真正现代的东西会持续很长一段时间。但是，如果有人听说某件衣服到下一季就过时了——换句话说，就是变得不那么显眼了——那么他就能认为这件衣服根本不现代，它只不过设法假冒现代罢了。

如果有人去参观我们制帽行业在圆顶大厅中展示的产品，那他一定会心痛，心想这么优秀的行业却不能产生更大的出口贸易。这里没有俗气的东西——除了在帽子衬里上有皇帝的画像——即使最小型的帽匠工场也能生产出与顶级商铺产品相媲美的高质量帽子。这个产业是非常杰出的，但很不幸，对服饰行业的其他分支就不能如此评价了。每个帽匠都想按照自己的优秀标准运作，并鄙视著名展览会所表现出的以奇怪样式吸引访客的愚蠢。因此，展览会帽子展区整体上有一种优雅精致的气氛。帽匠协会在一个玻璃陈列柜内聚集了十二个参展者的作品，他们是大大小小的、都制作优良品质产品的帽匠。我们的公司——哈比希、伯杰（Berger）、伊塔（Ita）和什克里万（Skrivan）——以其大量的展品而显得出众。不幸的是，关于它们帽子形状的正确性，我没法发表意见——我已经在维也纳待了两年了。但就做工细节的雅致程度来说，我将称赞伊塔公司生产的帽子。

但是，希望我们的帽匠协会努力增加与其他文化民族的接触。创造本民族的奥地利式样只是一种错觉；顽固地坚持下去将会给我们的行业带来不可估量的损失。中国正开始拆掉城墙，最好这样做。我们必然无法容忍人们以错误的狭隘的爱国主义情感为借口在我们周围竖起一道中国长城。

时代变了，我们也随着时代而改变（*Tempora mutantur, nos et mutamur in illis*）！时代在变迁，我们也随着时代而改变。我们的脚也一样。有时候脚小，有时候脚大，有时候脚尖，有时候脚宽。因此鞋匠有时候做小鞋子，有时候做大鞋子，有时候做尖鞋子，有时候做宽鞋子。

当然，我们脚的形状并没有随着季节变化。脚形状的变化需要几个世纪才能显现出来，至少也需要一代人的时间。大脚不能通过将脚趾折断而变小。而其他服饰艺术家却很容易做到变化。宽腰围、窄腰围、宽肩部、窄肩部等——这些变化都可通过新的剪裁方式、棉花填充法和其他辅助手段来轻松实现。但鞋匠必须严格按照当时脚的形状来制作鞋子。如果他想要推荐小鞋子，那么他一定要耐心地等待，直到大脚人的种族已经灭绝。

不过当然，同一时代里所有人脚的形状并不相同。经常使用脚的人，脚会大些；很少用脚的人，脚则会小些。那鞋匠该怎么办呢？他应该以哪种脚作为标准？因为他想要制作现代的鞋子。他也想进步；他也希望其产品拥有尽可能大的市场。

他采用与其他行业相同的方式。他根据社会中权力阶层的脚型来制鞋。在中世纪，武士当权；他们是骑马的人，因为经常骑在马背上，所以他们的脚比那些经常走路的士兵的脚要小一些。因此，当时流行小脚，人们偏爱穿窄鞋，于是鞋匠通过拉长鞋型（尖鞋）来加强窄的感觉。但是随着武士阶层的没落，城镇中步行市民的地位达到最高，大步慢行的贵族的宽大脚型成为时尚。在 17、18 世纪，明显宫廷化的生活再次使步行习惯变得不光彩；而且，因为轿子的广泛使用，厚底（高跟）小脚（因此小鞋）重新流行。这种鞋适宜于公园和宫殿，但不适宜于街道。

最近，日耳曼文化的复兴，再次使得骑马体面起来。18 世纪，所有那些追求现代的人穿都马鞋和马靴，即使他们没有马也如此。马靴是自由人的象征，自由人赢得了对于带扣式鞋、宫廷气质及闪亮拼花地板的最终胜利。脚还是小的，但是，对骑马人没什么用的高脚跟却保留了下来。到了 19 世纪，就是我们这个世纪，人们追求尽可能小的脚。

但即使在 19 世纪，人类的脚也开始发生变化。社会环境使我们必须一年比一年走得快。节省时间就是节省金钱。即使在最优雅的圈子里，那些有大量时间的人，也不可避免地加快了脚步。今天健壮步行者的正常步法，赶得上上世在马车前奔跑的马夫的脚步。我们已经不可能像前人那样慢步行走了。我们对此过于紧张。在 18 世纪，士兵行军的脚步在我们看来就像是一种十分费力的交替换腿活动。行走速度的增快或许可以通过下列事实得到最好的说明：腓特烈大帝（Friedrichs des Grossen）[*2] 的军队每分钟行走 70 步，而现代军队每分钟能走 120 步。（军事训练法规规定每分钟行走 115—117 步。但现在，要很费劲才能保持这种速度，因为士兵迫切希望节奏更快些。新版法规必须精确考虑这种时代特征。）在此基础上，有可能计算出一百年后我们士兵每

鞋子（Die Fussbekleidung）[*1]

《新自由报》，1898 年 8 月 7 日

[*1] 这篇文章对应于《言入空谷》德文第一版第 87-91 页的内容。

[*2] 腓特烈二世（1712—1786 年），普鲁士国王（1740—1786 年在位），史称腓特烈大帝。腓特烈二世是欧洲历史上最伟大的统帅之一，在政治、经济、哲学、法律、甚至音乐等诸多方面都颇有建树。在其统治时期，普鲁士军事大规模发展，领土扩张，文化艺术得到赞助，成为德意志的霸主。

分钟行走的步数，并由此计算出所有希望快速前行的人的速度。

具有高度发达文化的民族，比那些仍落后的民族要走得快；美国人比意大利人走得快。当人们去到纽约，总会觉得好像在某个地方发生了什么事似的。如果 18 世纪的维也纳市民走在今天的凯恩特纳街（Kärntnerstrasse）上，可能也会有一种类似的感觉，以为一定发生了什么事情。

我们正走得更快。换句话说，我们的大脚趾蹬地更加有力了。实际上，我们的大脚趾正变得越来越强壮有力。慢走会导致脚部变宽，而快走会使脚因大脚趾的更大发育而变长。由于其他脚趾，尤其是小趾，跟不上这种发育节奏（实际上，它们因很少使用而发育迟缓），所以脚甚至开始变得更窄了。

步行已经取代了骑马。当然，这只意味着对日耳曼文化原则的强调。"靠你自己的力量进步"将是 20 世纪的口号。马是轿子和步行之间的过渡。但我们这个世纪述说了骑马者的兴衰。曾经是马的世纪。马厩的气味是我们最好的香水，赛马是我们最流行的民族运动。骑手是民歌的宠儿。有很多民歌都是关于骑手的死亡、骑手的爱人、骑手的别离。步行者是无名小卒。全世界的人都穿得像个骑手。如果我们希望穿着优雅一点，我们就会穿上骑手的外套——我们的燕尾服。每个学生都有自己的小马；街道上熙熙攘攘，满是骑手。

现在一切都不同了！骑手属于平原和平地。骑手曾是英国拥有田地的自由绅士，他们养马，不时参加集会，越过篱笆去追赶狐狸。而现在，骑手被居住在山区的人替代了。山区居民以登高为乐，他们冒着生命危险，靠自己的力量而非家产来提升自己：他们是居住在高地上的人，即苏格兰人。

骑手穿靴子和长裤（马裤），裤子长及膝盖，且开口很窄。这对步行者或山地居民没什么用。无论住在苏格兰还是阿尔卑斯山地区，他们都穿系鞋带的鞋子和不及膝的短袜；他们的膝盖是裸露的。苏格兰人穿着著名的苏格兰短裙，而阿尔卑斯山地居民穿着皮短裤——两者的原则是一样的。骑手和徒步旅行者的衣料也不同。平原上的人穿光滑的布料，而居住在山地的人穿粗糙的编织布料（土布和洛登呢）。

爬山已成为人们生活中的必需内容。那些仅在一百年前还对高山有强烈恐惧感的人从平原逃到了山区。爬山，通过自己的力量让自己的身体向上前进，现在被认为是最高尚的激情。

但是，所有那些不住在高地的人，难道就没有这种高尚的激情吗？请记住，在 18 世纪，骑马被认为是高尚的激情。人们寻找一种能有相似体验的方式；人们寻找一种能在水平地面进行的相同的运动。因此，人们发明了自行车。

　　骑自行车的人是平原上的登山者。这就是他们穿得像登山者一样的原因。他们不需要马靴和长裤。他们的裤子在膝盖处宽松，裤子在膝盖下方结束的地方有裤口，在裤口上穿着有折叠的长袜。（在苏格兰地区和阿尔卑斯山区，袜子都在上方折叠，以防从腿上滑下来。）通过这种方式，膝盖在裤子下面有足够的自由活动空间，所以可无阻碍地从伸腿姿势转变成屈膝姿势。顺便说一下，有的维也纳人根本不懂得裤口的用处，他们把袜子向上拉到裤口下面。如同每年夏天众多让阿尔卑斯山区变得不安全的虚假当地人一样，他们也给人留下了同样滑稽的印象。

　　关于鞋类，骑自行车的人像登山者一样穿系鞋带的鞋子。有鞋带的鞋子将风靡于 20 世纪，就像马靴风靡于 19 世纪一样。英国人已发现了直接的过渡方式；今天他们仍然穿着两种鞋子。但我们在过渡期却产生了一种丑陋的混杂方式：足踝靴。穿足踝靴配短裤是最为讨厌的事。这很明显：人们不能在没穿长裤的情况下穿足踝靴。我们的军官通过穿长袜来盖住足踝靴。而当制服规定控制得更严格，禁止步兵穿长裤时，这就很不幸了。但基本上，足踝靴已经过时了，就像我们曾经在大白天穿的燕尾服一样过时了。这种滑稽的印象就像我们第一次在街上看到穿燕尾服的情形一样。在最难以忍受的热天里，我们必须穿着外套，乘着马车出行。这很滑稽——就像什么东西总是导致任何一件衣服衰败一样。

　　在时尚界，由于步行的增加，人们的脚不再像过去那样小了。脚的尺寸在不断增大。我们不再嘲笑英国男人和女人的大脚。我们也爬山，也有自行车，并且——说来恐怖（*horribile dictu*）——现在我们的脚已经像英国人的那样大了。但是，让我们舒心吧。小脚的美开始慢慢褪去，尤其对男人来说。最近我收到了一封来自美国的信，信中描述了里格（Rigo）[*3]；信的结尾说道，"从裤子下面隐约露出一双小脚真令人讨厌。"令人厌恶的小脚！这听上去很可信。新的教义始于美国：令人厌恶的小脚！圣克劳伦（Heiliger Clauren）[*4]，如果你能活到现在体验一下该有多好！你们的英雄永远不能拥有足够小的脚，像无数德国女孩想象与梦境中男子贵族偶像那样的小脚！时代变了……

[*3] 可能是里格·坦尼亚（Rigó Tanya），今天维也纳与布达佩斯之间的、捷克斯洛伐克的一个小镇，当时是奥地利的一部分。——英译者注
[*4] 海因里希·克劳伦（Heinrich Clauren），伤感爱情故事作家卡尔·戈特利布·塞缪尔·赫恩（Karl Gottlieb Samuel Heun，1771—1854 年）的笔名。——英译者注

米开勒广场上的"路斯楼",1909–1911 年
资料来源：Panayotis Tournikiotis, *Adolf Loos*.

当一篇有关帽匠协会活动文章的回信发表时，很难想象这种行动会有什么样的结果。现在后果清晰起来。大家猛烈地抵制利益相关方，并获得了胜利。任何持不同意见的人理所当然地认为，他们的观点也应该得到表达。大家对各类行为加以抵制。因此，"S 先生"——他在制鞋业活跃了 20 年！——就像他通过在署名后加感叹号所声称的那样——"让他要求下面几行劝诫性的评论能得到好评。"于是出现了以"不正确的是……"为开头的几段话。

可能我的读者对 S 先生想要纠正的是什么会比较好奇。让我们随便说说他的几个观点。S 先生声称，将爬山与骑自行车相比是不正确的。或者，每个学生拥有一匹小马是不正确的。或者，20 世纪将流行系鞋带的鞋子是不正确的。另一位绅士，Sch 先生，要求大家考虑他说的某些话，希望能够为振兴我们低迷的奥地利制鞋业做点贡献。但他因此而遭遇了不幸。他只看到了我说给帽匠协会的热心话的表面意思，因为他反对我认为爬山、行军和骑自行车已经使系鞋带鞋子流行起来了的观点。他认为（我引用他的话）："因此让我们找找其他理由吧。我认为是重量轻的鞋类使系鞋带鞋子如此流行。鞋匠强行推出系鞋带的鞋子，并制作出一些漂亮的外形。那才是障碍。鞋匠创造了时尚。最近，路斯先生如此出色地给我们讲述了一个帽匠协会的故事，说帽匠协会如何决定时尚。这里是一样的。"

很明显，现在人们不能总希望所有事情都获得好评。自然而然的连环漫画往往让人开怀大笑。但这篇文章不是喜剧的连环画。那封维护帽匠协会活动的信件，对我的攻击言论形成了有趣的补充，并十分有助于认清当前的形势。他们以一种比我的争辩和指责要更强烈更具毁灭性的方式永远地终止了他们的投票方法。之所以更强烈更具毁灭性是因为这来自于他们自己的阵营。公众或许会问，什么是这个阵营中决定帽子风格的好风格。我从未否认过有人认为帽匠协会的样式相当优雅。但这些人看上去怎样？他们有什么样的风格？克斯勒（Kessler）先生的信表达得非常精确。他认为，在帽子衬里印上皇帝的画像符合他的风格。这样让他想到了布科维纳（Bukowina）地区。[*2] 在那里，民族英雄的画像也以同样的方式处理。所以现在，公众应该能明白了。一方面是英国，另一方面是布科维纳。然而，制鞋行业绅士的来信一点也不能有助于说清楚这个问题。它们大体上都一样，即认为对系鞋带的鞋子的支持会损害奥地利制鞋业，因为系鞋带的鞋子将会替代足踝靴，说来奇怪，因为足踝靴是奥地利的民族鞋。这种指责肯定是站不住脚的。因为鞋子和靴子都是用来穿的，而不管他们是哪种样式。这对鞋匠都是一样的。而对那些必须开始考虑生产其他产品的灵活制造商来说，这也没什么区别。没人能与时代的发展作对；五千万公斤的印刷墨水也不能使足踝靴复兴。

鞋匠（Die Schuhmacher）[*1]

《新自由报》，1898 年 8 月 14 日

[*1] 这篇文章对应于《言入空谷》德文第一版第 92—96 页的内容。

[*2] 今天罗马尼亚东北部和乌克兰西部内的一地区；1775—1918 年间，它是奥地利的一个省区。——英译者注

展览本身确实教会了我们这个。在鞋匠联盟的展示窗内，在展出的 192 双鞋子中，我们只能看到 3 双女士足踝靴、3 双男式足踝靴和 3 双制服足踝靴。这些统计数据表明了残酷的事实。那十年以后呢？恐怕我们都找不到这最后的 9 双鞋子了。

按照英国鞋匠的说法，我们的鞋匠也能做出世界上最好的鞋子。在欧洲各大都市，能够列举出许多杰出的鞋匠。但是就鞋类本身来说，奥地利中等水平鞋匠的实力却要强于其他所有民族的同类鞋匠。更令人诧异的是，我们的鞋匠薪酬很低。公众不断压低鞋价，如果工匠不想亏本的话，只有在鞋子自身上面打主意。但不要认为鞋匠乐意制作质量差的鞋子。是你们迫使他这样做的。他梦想使用最好的皮革，以最佳的方式制作皮鞋。他多么乐意多花一天时间在一双鞋子上！鞋匠不得不催促他的助手加快速度，他很清楚快速所导致的众多粗制滥造的鞋子并不会遭受责骂。这让他十分痛心！但生活是残酷的。他必须，必须，必须以某一价格制作鞋子，所以他必须痛下决心辞掉干活好但速度慢的工人，还要节约材料。这已经是千钧一发的状态了。但是你们，你们那些以哄骗鞋匠再便宜你 1 基尔德为乐的人，当去看戏时平常的座位卖完了的时候，你们就欣然将这钱花在更好的扶手椅上。你们是我们手工艺行业的最大敌人。讨价还价对鞋匠和消费者都有坏影响。

但即使这样，还是有好鞋子。我们的鞋匠就是能干的人。他们仍有不少热情和个性。我们工匠阶层中最伟大的诗人和最伟大的哲学家就是鞋匠，这绝不是偶然的。有多少汉斯·萨克斯和雅各布·伯姆（Jakob Böhme）[*3] 已经坐在并还坐在鞋匠的凳子上，他们以同样的方式思考和感觉，但从未写过一个字。可能这就是日耳曼人为什么有如此优秀鞋匠的原因，因为每个能干且带个人主义的（在其父母看来就是淘气）小男孩都会被警告，"如果你不听话，就把你送去当鞋匠学徒！"而这通常都会变成真的。

不那么值得赞扬的是我们的穿鞋者。在上一篇文章中，我提到鞋匠必须让他的鞋子适合主流社会阶层的脚型。鞋子就是为这些脚制作的。但是没有这种脚型的人仍需要从鞋匠那儿买相同样式的鞋子。结果是无数的脚变残废了。在不属于主流社会阶层的那些人中，这就是唯一能发现的东西。但鞋匠应该对鞋子的不实用负责。因为价格低，所以鞋匠不能为具体消费者的鞋制作不同的样式。因此，即使强迫使旧鞋楦适合，鞋匠也不能获得鞋子的精确线条，而均衡的步伐有赖于精确的线条。鞋底的精确线条——可能是制鞋的最难工作之一——不是由脚的轮廓决定，而主要是是由穿鞋者的步态和行走习惯所决定。

与从一开始就做差鞋子的鞋匠相比，做昂贵鞋子的鞋匠获得的利润要少，这很不幸。我们举个例子吧，有两个鞋匠，一个要价 18 基尔德而另一个要价 6 基尔德。第一个鞋匠切一个楦鞋需要花费包括他自己的工作在内的 6 基尔德。鞋面由助手做，考虑到助手出色的工作，他要向助手支付每天 3 基尔德的工钱，他还要花 3 基尔德在鞋面的面料上。要价 6 基尔德的鞋匠，使用旧鞋楦，花大约 2 基尔德从工厂订

*3 汉斯·萨克斯（Hans Sachs，1494—1576 年），德国纽伦堡学派诗人、鞋匠和行会大师；他是理查德·瓦格纳歌剧《伟大歌手》（Die Meistersinger）中的主要角色。雅各布·伯姆（Jakob Böhme [Boehm]，1575—1624 年），宗教神秘主义者与哲学家，他起先是德国格尔利茨（Görlitz）镇的修鞋匠。——英译者注

购鞋面。以这种方式，第一个鞋匠的成本占了总鞋价的 66%，而第二个鞋匠的成本只占总鞋价的 33%。而在鞋子保养方面做得也太少了。与那些整夜把鞋撑放在鞋子里的人相比，为省钱而不买好鞋撑的人，他们穿坏的鞋子要多一些。

展览上只展出信誉好的鞋子，因为"格调差"的鞋子被禁止展示。用体面的准则来排斥只吸引观众眼球的鞋子是可惜的。如果从一开始就拒绝生产没有实用价值的鞋子，这对整个行业来说将使其获得更多的尊重。我们希望了解我们的鞋匠能做什么，希望看到他们诚实可靠的工作，而不是其自我宣传的广告。展览会应该是对工作而非广告的庆祝。但是请等等。"格调差"的鞋子还是展出了 3 双。这些鞋子做得像休闲鞋。它们有绿色长毛绒的鞋底，其中有一双甚至模仿旧时的书籍装订术而装饰以一些金色文字。

我们可以放心。在 20 世纪，我们奥地利人将能穿着我们的鞋子加快脚步。20 世纪肯定需要好鞋子，因为我们将要前进。美国人沃尔特·惠特曼（Walt Whitman）[4]，歌德（Goethe）之后最伟大的日耳曼诗人，他已经预见了这个世纪的情形。他咏唱道：

那些古老的民族停滞不前了吗？
他们是否抛下训诫，在海外萎靡不振？
我们承担起永恒的责任、担子，并牢记训诫，
先驱者！啊，先驱者！

过去所有一切，我们抛在脑后，
我们来自更有力量的新世界，丰富多彩的新世界，
我们占领新鲜而强大的世界，劳动和前进的世界，
先驱者！啊，先驱者！[5]

不，我们没有停滞不前，老沃尔特·惠特曼。远古的日耳曼血液仍在我们的血管里流淌，我们已经准备前进。我们将尽最大努力，将坐着和站着的人的世界改造成工作和前进的世界。

[4] 沃尔特·惠特曼，1819—1892 年，美国诗人、散文家、新闻工作者及人文主义者。他身处于超验主义与现实主义间的变革时期，著作兼有二者的文风。惠特曼是美国文坛最伟大的诗人之一，有自由诗之父的美誉。

[5]《草叶集》（ *Leaves of Grass and Selected Prose* ），纽约：兰登出版社（Random House），1950 年，第 184 页。——英译者注

斯坦纳毛皮商店，1906-1907 年
资料来源：Panayotis Tournikiotis, *Adolf Loos*.

女式时装！你是人类文明史中可耻的一章！你道出了人类的秘密欲望。每当我们阅读你的篇章，我们的灵魂会因为可怕的失常和可耻的堕落而颤抖。我们听到了受虐待儿童的呜咽，受虐待妻子的尖叫，被折磨男人的可怕叫喊，以及那些死在火刑柱上的人的嚎叫。鞭子劈劈啪啪作响，空气中弥漫着烧焦人肉的气味。衣冠禽兽……

不，人不是野兽。野兽会爱；它们根据自然的规则简单地爱。但人滥用他的本性，滥用他自己的性爱。我们是已被关在笼子里的野兽，是不再受自然滋养的野兽，是必须根据命令来爱的野兽。我们是被驯化了的动物。

如果人还是野兽的话，那么他心中的爱一年才会被唤起一次。但我们只有用很大努力才能抑制的肉欲，使我们随时都能爱。在青年时期，我们被它出卖。我们的肉欲不是简单的，而是复杂的；不是自然的，而是反自然的。

每个世纪，确切地说，每十年，这种不自然的肉欲以不同的方式爆发出来。它存在于空气中，有传染性。有时候，它像无法隐藏的瘟疫一样扩散到整个国家。有时候，它像神秘的传染病一样传遍整个国家，那些受此折磨的人知道如何向其他人掩饰。有时候，鞭笞者游遍了世界，燃烧的火葬柴堆变成了民族节日；有时候，欲望退回到灵魂最隐秘的深处。但萨德侯爵（Marquis de Sade），[2] 这个代表了他那个时代淫荡顶峰的人，这个构想出我们所能想象的、最堂皇殉道者的人，他和用手指捏死一只跳蚤心跳就更加顺畅的甜美苍白少女一样——他们是同一类人。

高贵的女人只知道一种渴望：她紧贴在高大强壮男人的身旁。现在，女人只有赢得了男人的爱，这种渴望才能被满足。这种爱使她成为男人的附属品。这是一种不自然的爱。如果这是自然的爱的话，女人会赤身裸体走向男人。但裸体的女人对男人没有吸引力。她能激发男人的爱，但不能保持男人的爱。

人们会告诉你，因为女人羞怯，才有必要用无花果叶。[3] 多大一个错误啊！羞怯，这种高雅文明发展出来的无聊感觉，第一个男人根本就不知道这些。女人把自己遮盖起来，让自己成为男人眼中的一个谜，从而将解开谜团的欲望植入男人的心里。

如今，在两性的战争中，女人拥有的唯一武器便是唤起爱。但爱来源于性欲。女人的希望就是唤起男人的性欲。男人通过他在人类社会中获得的地位来主宰女人。他因荣誉而充满活力，并通过他的着装表现出来。每个理发师都希望自己看起来像伯爵一样。女人只要一结婚，就通过她的丈夫获得自己的社会地位，而不管她以前是风尘女子还是公主。她原来的地位就完全放弃了。

因此，女人被迫用她的服装来吸引男人的好色之心，以无意识地唤起他病态的色欲。而这只能谴责当时的文化。

女式时装（Damenmode）[1]

《新自由报》，1898 年 8 月 21 日
1902 年 3 月 1 日重新发表于《女性文刊》（Dokumente der Frauen）

[1] 这篇文章对应于《言入空谷》德文第一版第 97-102 页的内容。

[2] 萨德（Sade），1740—1814 年，专门描写性虐待、性暴力的法国作家，其本人亦因变态性虐待行为多次遭监禁。

[3] 根据《圣经》中的描述，在蛇引诱了亚当和夏娃吃了智慧果后，她们发觉自身的丑陋，尤其是夏娃用了一片无花果叶把自己的那块圣地遮了起来。

*4 《奥地利刑法》（Austrian Penal Act）中的这几段是关于"强奸、诱奸以其他涉及严重淫荡的情况。"——英译者注

*5 利奥波德·里特·冯·萨克 - 马索克（Leopold Ritter von Sacher-Masoch，1835—1895 年），奥地利小说家；其故事描写了通过性和心理疼痛获得快感的态度，即"性受虐（masochism）"。卡图尔·门德斯（Catulle Mendès，1841—1909 年）和阿曼德·希维斯特（Armand Silvestre，1862—1915 年）是法国高踏派（Parnassian）诗人的主要成员。高踏派诗人奉行波德莱尔（Baudelaire）和泰奥菲勒·戈蒂埃（Théophile Gautier）的艺术理论。他们的作品，是对他们眼中浪漫主义散漫的反动，主要为异域和古典主题，以技艺准确，形式严格，感情超脱为特征。——英译者注

*6 在 1919 年的文章《彼得·阿尔滕贝格颂词》（Eulogy for Peter Altenberg）中，路斯写道，这位古怪的诗人"通常为他在报纸上看到的受虐儿童分发传单。'彼得·阿尔滕贝格—10 克朗。'这在儿童保护与营救协会的公告栏上是长期通知。"——英译者注

*7 "芭莉森五姐妹（Five Sisters Barrison）"，一个 19 世纪 90 年代风靡于欧洲舞台的美国青年舞女家庭；她们改编康舞（cancan），将新艺术（Jugendstil）带进了舞蹈。——英译者注

一方面，男式时装的变化通过这样的方式实现，即大众一窝蜂地想变得高雅；因此，原来的高雅样式已经贬值，而那些真正高雅的人——或更好点，那些被大多数人认为是高雅的人——必须寻找新的样式来使自己与众不同。另一方面，女式时装只因色欲变化而改变。

色欲在不断地变化。一般说来，心理失常在一个时期积累，只有那时才开始寻找其他方式。根据《刑法》第 125 至第 133 段给出的判决就是最可信的时尚杂志。*4 言归正传。在 19 世纪 70 年代末、80 年代初，具有某种倾向的文学，寻求用现实主义和直接的方式来达到效果，大量描写了香艳女人的美丽和鞭打场景。就比如说萨克 - 马索克（Sacher-Masoch）、卡图尔·门德斯（Catulle Mendès）和阿曼德·希尔维斯特（Armand Sylvestre）的作品。*5 而之后，衣服突然强调丰满性感和成熟女人味。没有这种衣服的人只得仿造：巴黎的臀部（le cu de Paris）。然后又开始了新潮流。年轻化的呼声响彻世界。小女孩的样式开始流行起来。人们成年后就开始衰弱了。小女孩的心理被研究和赞美。彼得·阿尔滕贝格。*6 芭莉森姐妹（Barrisons）在台上跳舞，跳到男人的心里去了。*7 所有有女人味的东西都从女士服装中消失了。女人遮盖了自己的臀部；以前让她们觉得骄傲的结实形体，现在却使她们觉得尴尬。由于发型和宽大袖子的缘故，她的头部看起来有点像小孩。但这些也不再流行了。如果说针对儿童犯罪的宫廷案件数量正相当恐怖地越来越多，这肯定会遭到反对。确实如此。这就是这些犯罪从上层阶级消失并向下层转移的最好证据。因为大众并没有办法来解救自己，摆脱这种压迫的形式。

但 18 世纪的大潮流一直没变。与完全成熟的东西相比，一直在成长的东西总是有更强的吸引力。在 19 世纪，春天已经成为人们最喜爱的季节。在以前的时代，花卉画家从未画过花蕾。法国国王宫廷的专业美女曾经在 40 岁时才达到其巅峰状态。但今天，即使那些认为自己完全正常的男人，也认为女人成长过程中最美的时刻要往回推 20 年。因此每个女人都选择包含了所有年轻标志的样式。一个证据是：将一个女人在过去 20 年中拍的一些照片逐次摆在她面前。她肯定会大叫道，"20 年前我看起来真老！"然后你也不得不承认，她在最近几年的照片中看起来最年轻。

如同我已经评论了的一样，这儿也有相关的潮流。最重要的潮流目前还看不到其尽头。因为它发源于英国，所以它最强大，这就是优雅的希腊人提出的信念：柏拉图式的爱。女人仅仅是男人的好朋友。这种潮流也已经被考虑；这导致了"定制服装"的产生，即男人的裁缝制作的衣服。但是，在女人的贵族血统也需要考虑的社会阶层，在许多代以后女人的高贵出生还是重要因素的群体中，人们能识别出一种摆脱依然注重外在优雅的流行女式时装的解放。因此，人们不断地对贵族中流行的简朴感到惊讶。

就像我说过的那样，正是社会地位最高的那个男人引领了男装时尚；但女装时尚的领导者必须是以最大敏感唤醒男人色欲的女人：风尘女子。

女装与男装的区别，从外形上来看，可以由对装饰和色彩效果的偏好，以及完全覆盖腿的长裙来识别。这两种因素向我们表明：近几个世纪，女人在自身发展方面严重落后。没有哪个世纪会像 19 世纪，自由男人与自由女人在着装上的差别是如此之大。在早先的时代，男人也穿华丽多彩、装饰丰富的衣服，他们衣服的褶边也拖到地板上。令人高兴的是，19 世纪我们在文化上的巨大进步已经战胜了装饰。我必须在这里重复一次。文化程度越低，装饰就越明显。必须要战胜装饰。巴布亚人和罪犯都修饰他们自己的皮肤。印度人在船桨和船身上覆盖层层装饰。但自行车和蒸汽机就没有装饰。文明的进步有条不紊地将事物一件一件地从装饰中解放出来。

今天，想要强调自己与以前时代有联系的人仍然穿着黄金、天鹅绒和丝绸——贵族和牧师。那些想保持刚获得的权力（自主权）的人也穿着黄金、天鹅绒和丝绸——仆人和大臣。君主，国家最高级别的官员，在特殊场合将自己包裹在貂皮和深红色长袍之中，不管这是否适合他的喜好。在士兵中，奴役的感觉也通过镶嵌金子的僵硬五彩制服得以强调。

长及脚踝的长袍是那些不从事体力劳动人的共同标志。那时，体力劳动以及为生计劳碌与自由高贵的出身不符，所以主人穿长衣服，仆人穿裤子。今天在中国还是这样：官吏和苦力。我们时代的牧师也一样，通过他的长袍来强调他的活动并不是为了养家糊口。当然，最上层社会的人已经为自己赢得了权力，他能通过自由工作来谋生；但在节庆场合，他仍然穿齐膝的衣服——礼服大衣。[*8]

这些圈子里的女人仍不被允许去真正地工作。在那些妇女已获得谋生权力的阶层中，她们也穿裤子。想想比利时煤矿的煤炭女工，或阿尔卑斯山区的牛奶厂女工，或北海的捕虾渔女。

男人也必须争取穿裤子的权利。骑马，这项不产生任何物质利益的体育锻炼，是第一阶段。在 13 世纪，男人获得兴盛的骑士地位还得感谢将脚解放出来的衣服。在 16 世纪，尽管骑马已经落伍了，但不能再剥夺他们的这种进步了。但直到近 50 年，妇女才获得了锻炼她们身体的权利。这是一个相似的过程：就像 13 世纪的骑士，社会将会对 20 世纪骑自行车的女人妥协，允许她们穿能让脚自由活动的裤子和衣服。这样，我们就踏上了准许女人工作道路的第一步。

[*8] 在英国，人们只在觐见女王、举行议会、参加婚礼等情况下穿礼服大衣。而在落后的国家，除了上述情况，人们在日常生活中也穿燕尾服。

　　高贵的女人只知道一种渴望：她紧贴在高大强壮男人的身旁。现在，女人只有赢得了男人的爱，这种渴望才能被满足。但我们到了一个更伟大的新时代。女人不再通过激发男人的色欲，而是通过工作带来的经济独立，来获得与男人平等的地位。女人价值的有无，不再随色欲的涨落而变化。然后，天鹅绒与丝绸、花朵与丝带、羽饰与脂粉将失去效果。它们将不复存在。

哪个更值钱，是一千克石头还是一千克黄金？这个问题似乎很荒谬。但只是商人会这样认为。艺术家会这样回答：对我来说，所有材料都一样有价值。

米洛的维纳斯（Venus von Milo）雕像 [*2] 无论是用铺在街道上的粗石制成［在帕罗斯岛（Paros）[*3]，街道是用帕罗斯大理石铺成的］，还是用黄金铸成，都一样有价值。当拉菲尔（Raphael）在创作西斯廷圣母像时（Sixtinische Madonna）[*4]，就算他在颜料中混进几磅黄金，圣母像也不会多值一分钱。当然，那些在必要时不得不考虑熔掉维纳斯金像或刮掉西斯廷圣母像上金子涂层的商人，会计较其中的不同。

艺术家只有一个理想：运用好原料，使作品的价值与原材料无关。但我们的建筑师，都没听说过这种理想。对他们来说，一平方米花岗石墙面要比一平方米石膏墙面更有价值。

但花岗石本身没什么价值。野外到处都是花岗石；随便谁都能获得花岗石。花岗石构成整座山，整个山脉，只要去挖就行了。街道上铺着花岗石，城市也铺着花岗石。花岗石是最普通的石头，是我们熟知的最普通的材料。但有人认为花岗石是我们最珍贵的建筑材料。

这些人说"材料"，但其实他们指的是"劳动"。劳动力、工艺技术和艺术性。因为将花岗石从山上挖下来需要很多工作量。运到指定地点，处理成合适的形状，以及通过切割和抛光使其具有令人满意的外观也都需要很多工作量。我们看到光亮优美的花岗石墙面，一种敬畏之情油然而生。是对材料的敬畏吗？不，是对人类劳动的敬畏。

花岗石因此就比石膏更有价值？我们还没这样说。因为米开朗琪罗用石膏装饰的墙，甚至能使最大限度抛光的花岗石墙黯然失色。不仅仅是劳动的数量，劳动的质量也决定了物品的价值。

我们生活在一个以工作量为优先的时代。因为数量容易控制；任何人都能轻而易举地计算出工作量，而无须技能与专门知识。这样不会出现什么错误。所以许多工人以某种工资工作很长时间。任何人都能计算出来。我们希望周围事物的价值易于理解。否则我们对此就没什么概念了。因此，那些耗时长的事物肯定会得到更多的尊重。

也不总是这样的。以前，人们用最容易获取的原料建造建筑物。某些地区用砖，某些地区用石头；某些地区的墙壁用灰泥粉刷。那些用灰泥的建筑师会认为自己比那些用石头的建筑师低一等吗？当然不会。他们为什么要有这种感觉？大家都不这样想。如果附近有采石场，人们自然就用石头建造。但从很远地方运石头来建房子，似乎更多是钱的问题，而非艺术的问题了。艺术，工作的质量，在以前有更多的含义。

时代青睐那些建筑领域中具有自豪感和强烈本性的人。费舍·冯·埃尔拉赫并不需要使用大理石来让大家理解他。他用黏土、石灰石和砂创造作品。他的作品同那些用最难处理的材料建成的建筑一样，让我们印象深刻。他的精神，他的艺术才能征服了最可怜的材料。

建筑材料（Die Baum aterialien）[*1]

《新自由报》，1898 年 8 月 28 日

[*1] 这篇文章对应于《言入空谷》德文第一版第 103-107 页的内容。

[*2] 米洛的维纳斯创作于公元前 2 世纪末，高 204 厘米，1820 年发现于爱琴海的米洛岛，1821 年后为卢浮宫所收藏。她被誉为"黄金时期的缩影"，总结了古希腊所代表的一切。女神失去了双臂，但保留了完整的头部和面容。雕像从头、肩、腰、腿到足的曲线变化使人体以无比圣洁的姿态展现在人们眼前，被认为女性美的原型。——中译者注

[*3] 帕罗斯岛，希腊爱琴海基克拉泽斯群岛（Cyclades）岛屿，地质构造以大理石为主。——中译者注

[*4] 西斯廷圣母像为拉斐尔"圣母像"中的代表作，它以甜美、悠然的抒情风格而闻名遐迩。这幅祭坛画，指定装饰在为纪念教皇西克斯特二世而重建的西斯廷教堂内的礼拜堂里。最初它被放在教堂的神龛上，至 1574 年，一直保存在西斯廷教堂里，故得此名。现为德国德累斯顿茨温格博物馆古代艺术大师馆收藏。——中译者注

他擅长为最平凡的东西赋予艺术的高贵。他是材料王国的王者。

今天，具有统治权的不是艺术家，而是临时工；不是创意，而是工作时间。而统治权正从临时工手里慢慢地失去，因为出现了能制造量更大、价更廉产品的东西：机器。

但任何生产时间，不论是机器制造还是苦力完成，都需要花费钱。如果没有钱呢？那人们就开始假冒工作时间并仿造材料。

对工作量的敬畏是手工艺行业最可怕的敌人。因为这会导致模仿。而模仿使我们的手工艺大部分受挫。所有的骄傲，所有的手工艺精神都没了。"书籍印刷工，你能做什么？""我能以平版印刷的方式印书籍。""那么平版工，你能做什么？""我能为印刷制作平版。""木匠，你能做什么？""我能轻松地雕刻出装饰，达到让人误以为是灰泥作品的程度。""灰泥工，你能做什么？""我能准确模仿装饰线条和装饰物，还能制造极细的接缝，使它们看起来很逼真，就像最好的石头工艺。""但我也能做到！"金属片工人自豪地喊道。"当我的装饰物被涂漆和磨砂后，没人能看出它们是用锡做成的。"多可怜的一群人啊！

自我堕落的精神流行于我们的手工艺行业。这个行业变差没什么奇怪的。这些人只能把事情搞糟。木匠，请你以自己是木匠为荣吧！做装饰物是灰泥工的事情。你应毫无妒忌和羡慕地从灰泥工身边经过。还有你，灰泥工，你来搅和石匠的事情干啥？接缝是石匠的事情，但不幸的是他不得不接缝，因为小石头比大石便宜、更容易取得。为你的工作没有展现那些将石匠的柱子、装饰物和墙壁截开的微小接缝而骄傲吧。以你自己的行业为荣吧！因你不是石匠而高兴吧！

但我只是对牛弹琴。公众并不想要自豪的工匠。因为工匠越能模仿，公众就越支持他。对贵重材料的敬畏（这是暴发户阶段的明显特征，而我们的民族正处在这个阶段）将使其别无他法。自从暴发户知道钻石、皮草和石头宫殿要花很多钱以后，他就认为不能戴钻石是丢脸的，不能穿皮草是丢脸的，不能住在石头宫殿里也是丢脸的。他不知道没有钻石、皮草和石头宫殿也不影响高雅。因此，由于缺钱，他就使用替代品。多么荒谬的主意。因为那些他想欺骗的人，就是那些有钻石、皮草和石头宫殿的人，并不能被骗到。他们会认为这个人的做法很可笑。而面对那些地位比他低的人，如果他意识到他自身优越性的话，就更没有必要这样做了。

在过去的十年里，模仿已经统治了整个建筑行业。墙面饰物是用纸做成的，但它们绝不会显示出是纸质的。他们必须保持丝缎或哥白林（Gobelin）挂毯的样式。门窗是用软木制成的。但因为硬木更贵，软木必须被漆成硬木的样子。铁必须被漆成铜的样子。但要是没有灌浆水泥（19 世纪的一个重要成果），我们会完全束手无策。由于水泥本身是非常了不起的材料，只要使用水泥，我们就会像首次面对任何新材料那样想：我们能用它来模仿什么东西？我们用它来模仿石头。因为灌浆水泥很便宜，我们就像暴发户一样，毫不吝啬地使用水泥。19 世纪实在是得了水泥流行病。"噢，我亲爱的建筑师先生，我再多花 5 基尔德，你就不能在建筑立面上多增加一点艺术吗？"自负的承包商可能会这样说。然后建筑师就按照要求，根据承包商出钱的多少在立面上添加了相应价值的艺术，而且有时候还会多弄点。

如今，灌浆水泥被用来模仿灰泥制品。这是我们维也纳当前形势的特征，我反对这种违背材料本身特性的做法，强烈反对仿制，因此作为一个"唯物主义者"而不被理会。只要看看这个谬论就够了：有些人赋予了材料这样的价值，他们不怕没有特点，随意使用替代品。

英国人将墙纸出口给我们。不幸的是，他们不能将整个房屋也出口给我们。但我们从墙纸可看出英国人致力于什么。墙纸不必因为是纸质而羞耻。为什么它该如此呢？还有更贵的墙面饰物。但英国人不是暴发户。在某人（任何人）家里，从来都不会出现钱用完了的局面。同样，他的衣服是绵羊毛的，这些衣服诚实地显示出来。如果羊毛衣服在维也纳人中流行，那么羊毛会被编织成天鹅绒和绸缎的样子。就算英国人和维也纳人的衣服同样只是用羊毛做的，英国人也从来不会像维也纳人那样表示："我真的很喜欢它，但我买不起。"

这将让我们另起一章来讨论在建筑中发挥着最重要作用的原则，这个原则是每个建筑师都应该学习的初步知识——饰面原则。但我将在下一篇文章中讨论这个原则。

饰面原则（Das Prinzip der Bekleidung）[*1]

《新自由报》，1898 年 9 月 4 日

[*1] 这篇文章对应于《言入空谷》德文第一版第 108-113 页的内容。

[*2] 德文为 Bekleidung（覆盖物）。"覆盖物是指因技术原因（例如防风雨）或美学原因而加在建筑材料上的另外一层覆盖物。所谓材料正确性 [Material-gerechtheit] 的问题与覆盖物的问题密切相关"（《Wasmuths 建筑词典》[莱比锡，1932 年]）。词根 Kleidung 的意思是"覆盖物（clothing）"。——英译者注

[*3] Decke 除了"覆盖物"或"毛毯"的一般含义，其建筑学上的含义为"天花"或"屋顶"，在解剖学中，它是指动物的皮毛。——英译者注

[*4] 圣斯特芬大教堂是维也纳环城景观带上一著名建筑。它以 137 米高的哥特式尖塔和马赛克花样的屋顶享誉全球，是维也纳首都的象征。

[*5] 皮蒂宫是佛罗伦萨最宏伟的建筑之一，原为美迪奇家族的住宅。它建于 1487 年，可能是由布鲁乃列斯基设计。16 世纪由阿马纳蒂扩建。

[*6] 法尔内斯宫位于罗马，设计于 1517 年，是罗马文艺复兴宫殿的代表作之一，现为法国驻意大利使馆。

[*7] 1857 年，弗兰兹皇帝下令拆除维也纳原中世纪的城墙，扩展城市，修建了环城大道（Ringstrasse）。这条绿树成荫的环城大道长 4 公里，宽 60 米，环绕着维也纳老城，两旁云集众多的各种风格的重要建筑物（市政厅、国家歌剧院、维也纳大学等），是维也纳最大的一条豪华大街。环城大道上的这些建筑大都建于 1861—1888 年间，集中体现了 19 世纪后期城市建筑艺术的辉煌成就。

[*8] 弗里德里希·施密特（Friedrich Schmidt，1825—1891 年）、西奥菲尔·汉森（Theophil Hansen，1813—1891 年）和海因里希·冯·费尔斯特（Heinrich von Ferstel，1828—1883 年）是维也纳环城大道的三位主要建筑师。环城大道上的大部分建筑建造于 1861—1865 年间和 1868—1873 年间。具有意大利文艺复兴风格的维也纳大学，由费尔斯特于 1873—1884 年间主持建造。费尔斯特还设计和建造了奥地利艺术与工业博物馆（Austrian Museum for Art and Industry）；该博物馆于 1871 年竣工。——英译者注

即使所有材料对艺术家来说具有相同的价值，但它们对艺术家想要实现目标的适合程度是不同的。必要的耐久性和构造常常使材料与建筑的真实目的不相协调。建筑师的普遍任务是提供温暖宜居的空间。地毯给人温暖宜居的感觉。因此，建筑师决定在地板上铺地毯，并挂起四块地毯以形成四面墙。但你不能建造一个由地毯构成的房子。地板上的地毯和墙壁上的挂毯需要一个结构框架来将其固定在正确的位置上。发明这种框架是建筑师的第二项任务。

这是建筑中需遵循的正确的和逻辑的路线。以下是人类学会如何进行建造的顺序。最开始是覆盖层。[*2] 人类在冷天时寻找庇护所，睡觉时寻求保护和温暖的环境。他们找东西覆盖在身上。覆盖物是最古老的建筑细部。起初，覆盖物由动物皮毛和纺织品制成。今天在日耳曼语言中，这个词仍有该含义。[*3] 然后，如果要为家庭提供足够大的庇护所，覆盖物必须被放在某个地方！因此出现了墙壁，同时墙壁在四周提供保护。在人类和个人的思想中，建筑的概念以这种方式发展起来。

有些建筑师的做事风格不大一样。他们根据想象创造墙，而不是创造空间。然后墙壁包围形成房间。接下来，按照建筑师的喜好，为这些房间选择了某类饰面。

但艺术家，建筑师，首先需要感知他想要实现的效果，想象出他想要创造的房间。他感知他想要让旁人感受到的效果：如果是地牢，则应该让人感到害怕和恐惧；如果是教堂，则应该让人感到敬畏；如果是政府官邸，则应该让人感到对权势的尊敬；如果是墓穴，则应该让人感到虔诚；如果是住宅，则应该让人感到舒适；如果是旅馆，则应该让人感到快乐。这些效果由材料和空间形态产生。

每种材料都有其自身的形式语言，没有什么材料会声称其具有其他材料的形式。因为形式由适应性和材料的生产方式所决定。它们伴随并通过材料显现。没有材料允许其形式范围被侵犯。只有那些伪造者才敢侵犯。但艺术与伪造和欺骗无关。艺术的道路布满了荆棘，但是很纯粹。

人们可以用水泥浇筑圣斯特芬大教堂的塔（Stefansturm）[*4]，将其立在某处，但这将不再是件艺术作品了。对皮蒂宫（Palazzo Pitti）[*5] 和法尔内斯宫（Palazzo Farnese）[*6] 这样做也会是同样的结果。与这座房子一起，我们已经到达了自己的环城大道（Ringstrasse）[*7] 的建筑群中。对艺术和建筑师中的少数艺术家而言，这是个可悲的时代。在这个时代，那些艺术家为了大众而被迫滥用艺术。总是只有很少数的艺术家能找到足够大度的承包商，让他们自由地发挥。施密特（Schmidt）可能是最幸运的了。然后是汉森（Hansen），当他处境艰难时，就在赤土建筑中寻求安慰。而可怜的费尔斯特（Ferstel），当他在最后时刻还被迫将一整片灌浆水泥立面固定到他建造的维也纳大学校舍上时，他一定忍受了极大的痛苦。[*8] 该时期的其他建筑师——除了少数例外的——知道如何避免这种噩梦般的痛苦。

　　现在这有什么不同呢？让我来回答这个问题。模仿和替代的艺术仍统治着建筑领域。是的，比以前任何时候都要严重。最近几年，人们甚至已经开始保卫这种趋势了（当然，有人匿名地这么干，因为他还不够清楚会有什么样的后果）；这样设计替代品的建筑师不必仅仅处在边缘地位了。如今，人们泰然自若地将某种结构固定到立面上，像艺术权威一样将"拱心石"挂在主要装饰线脚的下面。但到这边来呀，你们这些模仿的使者，你们这些印刷镶嵌装饰制造者，你家拙劣的窗户、纸酒杯的制造者！在维也纳有一个新的春天正为你们而苏醒！这片土地刚刚施过肥！

　　但完全由毛毯构成的生活空间就不是模仿？墙壁不是真的由地毯建造成的！当然不是。但这些地毯只是被当作地毯使用，而没有被当作建筑石头使用。这些地毯没有被用来模仿其他东西的形状或颜色，而是明显地表明其用作墙面的饰面。根据饰面原则，它们实现了自己的用途。

　　就像我在本文开头所说的，饰面的年代甚至比结构的还要久远。需要饰面的理由有很多。有时用它来抵御坏天气——例如在木头、铁或石头上涂上油性漆；有时为了卫生——例如在浴室墙面贴上釉瓷砖；有时为了达到特殊效果——例如为雕塑涂上彩色油漆，在墙壁上挂上挂毯，在木头上贴上饰面薄板。饰面原则最初是由森佩尔清楚地表达出来，并延伸到自然界。人类覆盖着皮肤，树覆盖着树皮。

　　然而，根据饰面原则，我总结了一个非常精确的法则，称之为饰面法则。不要惊慌。通常说来，法则终结了所有进步的发展。当然，古代的大师不用法则同样也很出色。确实如此。在不知道偷盗为何物的地方建立针对偷盗的法律是白费力气的。当饰面材料还未被模仿时，也没有必要建立法则。但在我看来，现在正是建立饰面法则的时候。

　　法是这样的：我们不能让材料面层与其饰面相混淆。这就是说，例如，可以把木材漆成任何颜色，除了一种颜色——木材本身的颜色。在某个城市，展览委员会决定圆顶大厅中所有的木头应漆得像"红木"；在某个城市，木材纹理是高级的彩绘装饰类型，这是非常大胆的规定。似乎有人觉得这类事物很高雅。由于火车和有轨电车——以及马车制造的所有技术——来自英国，只有它们才是显示纯色的木制品。现在，我敢于宣称这类有轨电车——特别是有电线的有轨电车——其纯色让我感觉很舒服。但如果根据展览委员会设定的美的原则，电车被漆得像"红木"似的，那感觉就不好了。

　　尽管埋藏得很深，但在我们的民众中，还是潜伏着对高雅的真实感觉。不然的话，铁路管理部门就不会认为，与绿色的二等和一等列车相比，漆得像木材棕色的三等列车会让人觉得没那么高雅。

我曾以一种极端的方式向我的同事证明这种潜意识的感觉。在某大楼的二层有两套公寓。其中一套的房客自己花钱将已经染成褐色的窗栅漆成白色。我和我同事打赌，带一些人到这栋楼前。在没有告诉他们窗栅差别的情况下，问他们，感觉哪一侧住的是普伦兹鲁伯先生（Hrr. Pluntzengruber），哪一侧住的是的列支敦士登（Liechtenstein）亲王[*9]——我们告诉他们上述两者分别租了这两套公寓。所有这些人都一致地认为染成木色那一侧住的是普伦兹鲁伯。从那以后，我的同事只把东西漆成白色。

当然，木材染色是19世纪的发明。中世纪，大部分木材被漆成鲜红色；文艺复兴时期是蓝色；而巴洛克和洛可可时期，人们将室内漆成白色，室外漆成绿色。我们的农民仍保留着足够好的感觉，把东西只漆成纯色。难道乡村中绿色的门和绿色的篱笆，新刷白的墙壁衬着绿色的百叶窗，不具有一种迷人的效果？不幸的是，一些村庄已经接纳了展览委员会的风格。

人们还记得，当第一件涂有油性漆的家具从英国引进维也纳时，仿冒艺术和手工艺阵营表现出了道德上的愤慨。但这些好人的愤怒没有指向油漆。在维也纳，当人们一开始使用软木，他们也开始使用油性漆。但是，英国家具敢于坦率地展示它们的色彩，而不是模仿成硬木。这些家具敢于激怒陌生人。他们转动眼睛并作出反应，好像从未使用过油性颜料一样。这些绅士推测，到目前为止，每个人都认为他们的染色木家具和建筑实际上是由硬木制造的。

我相信，在观察到这些后，如果我不提参加展会油漆匠的名字，协会肯定会感谢不尽。

应用到灰泥制品上，饰面原则是这样：灰泥能做成任何装饰，只有一样例外——即粗糙的砖墙。人们会认为没有必要宣布这类不言而喻的事实。但就在最近，我注意到一座建筑，它的灰泥墙被漆成红色，然后还被画上白色的线。同样，人们在厨房里非常喜欢使用的装饰——仿冒的方石——也属于这一类。一般而言，任何用来覆盖在墙上的材料——墙纸、油布、织物或挂毯——都不应该试图看起来像方砖或方石。因此很好理解，为什么我们舞蹈演员的腿穿上针织服饰时是多么难看。编织的内衣可以被染成任何颜色，除了皮肤的颜色。

如果饰面材料与被覆盖的区域恰好颜色相同，那么饰面材料可以保持其本色。因此，我能在黑铁上涂焦油，或在木材上覆盖另一层木材（饰面薄板、镶嵌装饰等），而不用给覆盖在上面的木材染色；我能通过加热或电镀的方式在某种金属上面再罩上另一种金属。但饰面原则禁止饰面材料模仿底下那层材料的着色。因此铁能涂上焦油，漆上油彩或镀锌，但绝对不能用青铜或其他金属的颜色来进行伪装。

这里还有必要说说耐火黏土砖（chamottes）[*10] 和人造石地砖。人们用前者来模仿水磨石（马赛克）铺地，用后者模仿波斯地毯。当然，确实会有人用地砖来模仿其他东西——因为制造商必须了解他们的消费者。

　　但不要这样，你们这些模仿者和使用替代品的建筑师，你们错了！人类的灵魂十分高尚，以致你们不能用一些手段和诡计来欺骗。当然，我们可怜的身体还掌握在你们的手里。它们只有五种感官来辨别真假。你们真正的领域是在人类感官不够的地方。那里才是你们的王国。但即使在那里，你们又错了！在高处，在木头天花的高处描绘最好的镶嵌装饰，或许我们可怜的眼睛将不得不充满诚意地接受它。但神圣的精神将不会被你们的诡计欺骗。对精神上的感觉来说，那些用最娴熟技巧描绘的、看上去"像镶嵌装饰"的木质镶嵌装饰只不过是油漆彩绘。

内衣（Wäsche）[*1]

《新自由报》，1898 年 9 月 25 日

[*1] 这篇文章对应于《言入空谷》德文第一版第 114-119 页的内容。

最近我与一个熟人争吵。争论的并不是我写的艺术和手工艺方面的内容。但我关于时尚和服装的文章激怒了他。他指责我，认为我希望整个世界都穿统一的制服。"那我们华丽的民族服装会怎样？"

于是他变得有诗意起来。他想起了他的童年，在林茨（Linz）度过的愉快周末；他想起了当地人盛装去教堂集会。多么辉煌，多么美丽，多么生动！而现在每件事情都不一样了！只有老年人坚持穿老式服装。年轻人模仿城里人的穿着。而我们应尽力使人们重新穿着老式服装。这是有教养有文化人的责任。

"所以你认为他们喜欢这种老式服装？"我插嘴道。"当然。""所以你希望这种服装将永远被保留？""这是我最热烈的愿望。"

于是我将他置于我希望其所处的境地。"你是否意识到"，我对他说，"你实在是个卑鄙自我的人？你是否意识到，你试图将一整个阶层，一个出色的大阶层，我们的农民阶层，从文化的所有福祉中排除出去？为什么呢？因为这样，你只要到乡村去，就能满意地看到生动如画的场面！为什么你不穿成那样到处乱跑？不，谢谢，你说，我不愿意穿成那样。但是你要求其他人服从你，像风景画里面的人物一样在乡村闲逛，以此让你这种醉眼蒙眬的知识分子舒服点。那么，为什么你不偶尔像农民那样，端着乡村香肠，接待想领略无瑕山地草原风光的商业部长阁下？除了为假日游客而潇洒地居住在山地，农民还有更高的使命。农民——这种说法已经流传了百年——不是玩物！"

我承认，我也真的很喜欢老式服装。但这并不意味着我有权要求我的朋友由于我的缘故而穿这种衣服。某种老式服装是以特殊形式凝固的衣服；它将不再发展。常常成为标志的是，某种老式服装的穿着者已经放弃改变其周边环境。这种服装是放弃的象征。就是说，穿老式服装的人必须放弃奋斗到更好的地位；他必须放弃自身的发展。当农民还身强力壮充满活力时，当他还有最美好的梦想时，他决不会想要穿上他祖父曾穿过的衣服。中世纪、农民战争、文艺复兴——这些时期没有严格地坚持某些服饰风格。只是生活方式的不同带来城市居民与农民着装的不同。当时城市居民与农民之间的关系，就像今天城市居民与农民的关系一样。

但之后，农民失去了独立性。他们成为了农奴。而且农奴身份一直延续下去，他是农奴，他的子子孙孙也都是农奴。他们通过衣服来提高自己的身份是为了什么，他们改变穿着风格是为了什么？因为那完全没有用。农民阶层成为一个社会族群；农民被剥夺了逃离这个族群的任何希望。被划入某个族群的人有一个共同的特征：他们几千年来都严格坚持只穿他们的本土服装。

然后，农民获得了自由。但只是表面上获得了自由。从内心来讲，他们仍然觉得自己比城市居民低一等。城市居民才是主人。几百年的奴役仍然有太多东西遗留在农民的骨子里。

　　但现在产生了新的一代。它已经宣布对旧服装开战。在这场战争中，它有一个盟友——打谷机。只要有打谷机工作的地方，美丽的老式服装就要永远退役。现在，只有一个地方将属于这种衣服：服装租赁公司。

　　我有些无情的话要说。但我必须要说，因为在奥地利成立了一些出于虚情假意的俱乐部，它们努力为农民保留奴役状态的耻辱。而我们更需要的是态度截然相反的俱乐部。因为即使是我们城市居民的穿着，离那些伟大文明民族的服装，都还有很大的距离。当然，从外面看起来，我们还算过得去。我们还能够跟得上别人的步伐。如果让维也纳顶尖的裁缝为我们打扮，那么当我们走在伦敦、纽约或北京的人行道上时，也能被认为是文明的欧洲人。但如果我们的外层衣服一块一块地掉下去，我们只穿着内衣站在那里的话，这是多么悲哀啊！然后所有人将意识到，我们只是像戴面具那样穿着欧式的衣服，我们穿的内衣仍然是民族服装。

　　但这是二选一。我们必须作出决定。我们要么鼓起勇气确定自己与其他人不同，穿我们的民族服装，要么坚持与其他人一样，穿跟他们一样的衣服。但在陌生人看来，想要扮成有教养的人，只通过外面（只通过几件外衣来掩饰），将肯定会缺乏高尚精巧的气质。

　　表层的服装让我们与农民的世界相区分，但是我们的内衣还和农民穿的一模一样。在布达佩斯，人们穿的内衣与希克斯（csikos）的一样 [*2]；在维也纳，人们穿的内衣与下奥地利地区农民的一样。那么，我们因内衣而与其他的文明民族相分离会怎样呢？

> [*2] 匈牙利平原上的一个牛仔。——英译者注

　　实际上，与英国现阶段相比，我们落后了至少 50 年。在那里，针织内衣已经打败了梭织内衣。19 世纪，在外层衣服方面，我们并没有注意到什么重大的变革。所有更具有决定性的变革是在内衣方面。一个世纪以前，人们仍完全用亚麻布包裹自己。但在 19 世纪，我们已经逐渐开始使用针织品制造商的产品。我们一步一步地进步，从身体的一个部位到另一个部位。我们从脚开始，然后向上移动。目前，针织厂商已经生产我们下半身穿的衣服了。同时，我们的上半身仍必须忍受替代针织内衣的亚麻布汗衫。

　　我们从脚开始。在这方面，我们也已经有所进步。我们不再穿包脚布，而改穿袜子。但我们还穿亚麻布内裤，这种裤子在英国和美国早就绝迹了。

　　如果某个巴尔干半岛国家的人（他仍然穿包脚布）到维也纳，并且到内衣店去买他传统包脚布的话，那他会无法理解地发现，在维也纳竟然买不到包脚布。当然，他可以订购。"那么，这儿的人穿什么呢？""袜子。""袜子？为什么呢，袜子穿着可不舒服了，在夏天也很热。难道人们不再穿包脚布了吗？""噢，有是有，年纪非常大的人才会穿。而年轻人觉得穿包脚布不舒服。"尔后，这个善良的巴尔干人下了很大决心来尝试穿袜子。在这种情况下，他达到了人类文明的一个新高度。

菲利波波利（Philippopel）*3 之于维也纳，就像维也纳之于纽约。那么在纽约，让我们——不是去买包脚布，因为根本没人能懂我们在说什么——而是去买亚麻布内裤。我必须要求读者重新读一下前面的那段对话，但要把其中的"来自巴尔干半岛国家的人"替换成"维也纳人"，把"包脚布"换成"亚麻布内裤"。因为对话将以完全相同的方式结束！我是根据个人体验这样说的。我曾听到过这种对话，说的是包脚布，这种话也只有在维也纳的语境中才听得懂。

无论谁认为梭织布料比针织布料更舒适，就让他一直穿好了。因为将某种与其内心本质不符的形式强加于某人是很愚蠢的行为。实际上，对文化程度高的人来说，亚麻布料已经不那么舒适。所以我们必须静候时机，直到我们奥地利人也开始觉得亚麻布料不舒适。现在我们越来越多地参加体育运动。就是那些传自英国的体育活动，让我们越来越厌恶亚麻布内衣。浆硬的衬衫假前胸、衣领和袖口也妨碍运动。而不浆硬的衬衫假前胸是不浆硬衣领的先兆。这两者都各有其任务，就是分别为针织衬衣和法兰绒衬衣铺平道路。

但针织内衣确实表明了一个很大的危险。针织内衣确实只适合那些为了自身清洁而洗涤的人。但许多德国人认为穿针织内衣从来都不用洗。所有旨在减少洗涤次数的发明都来自德国。德国有纤维素纤维的内衣、衬衫假前胸和由相同纤维制成的附带假前胸的领带。在德国，人们认为清洗有害健康，所以一件针织衬衫可以穿一年——只要熟人没有明确表示反对就行。美国人没法想象德国人穿不干净的白衬衣，而且还使用衬衫假前胸。这体现在德国人的讽刺画里，而美国连环画对此也有恰如其分的揭露。通过衬衫假前胸的末端（它常常从马甲里面伸出来）就能识别出德国人。在美国喜剧中，只有二等公民才穿衬衫假前胸：流浪汉。

衬衫假前胸确实不是天使般洁净的象征。这种衣服很可怜地证明了一个民族的文化地位。而在这个展区上，我们最优秀的裁缝展出这种衣服，实在是太令人不愉快了。这降低了整个高雅展区的水准。

现在出现了一种以"裁缝店和旅行用品店"为代表的新商业类型。旅行用品店备有属于男装的所有东西。这不是一件容易的工作。他负责给购买者这样一种印象，即从他那儿购买的所有东西都是时尚的。在一个运营良好的时装店，你能随便从哪个架子上拿起一样东西，它都不会"没品质"或"不精致"。旅行用品店必须不为大众让步。一流的商行永远不会使用借口，说还有其他的品质。他们根本不该犯错。一旦旅行用品店犯了错，他将对其顾客负责，让他们不再买到有问题的商品。

在时尚界取得领先地位很难，要保持领先地位则更难。然而只有少数商品是由旅行用品店的车间生产的。他主要是个零售商。他与工匠的关系，很类似于收藏家或博物馆馆长与艺术家之间的关系。从大量的产品中挑选出最好的，是他们同样的责任。仅此一项就是耗费人大量脑筋的工作。

如果有人像我这样，被匿名信件淹没（来信通常表示"怀疑"，认为我推荐的那些商家自己并不生产其货物），那么他肯定会把这件事情说清楚。即使我认为这种情形有不合适的地方——而且我不这么认为——我不能再花时间来检验商品的来源了。我不是个侦探。对我来说，商品来自哪里无关紧要。主要的事情是商家能够提供具有特殊质量的特殊商品。这些商品是由他自己的工场制造，还是被分配到外面几个工场制造，都没什么区别。这是唯一与我有关的事。

在无数时尚女装的展览中，发现许多已经系好的现成领带是件令人痛苦的事。甚至在男装上，这些蝴蝶结领带都非常普通。这种前面有个结或一条带子、在后面系好的领带，应该与薄内衣和人造钻石类同。对这种在脖子上缠绕两次、试图借助覆有丝绸织物和某些"专利"细节的纸板来达到优美效果的领带，我会置之不理；这是我们郊区花花公子喜欢的领带。但是，我们维也纳姑娘和女人用这种领带来替代系蝴蝶结的事实表明，著名的维也纳人的别致正在逐渐消失。我希望维也纳有这样一家商店，店主能很自豪地回答每一位想要买已系好领带的人，"已系好的领带？没有！我们不卖这种东西！"[*4]

[*4] 想要一家不卖已系好领带公司的愿望，早已被满足了上百次！在 1930 年 12 月的《横截面》（Querschnitt）中，约瑟夫·霍夫曼（Josef Hoffman）[*5] 提到了这些嵌有厚纸板的领带（那时他也戴这种领带，并且我批判它们是自己系好的领带）。那是一个谎言。我已经在等着投诉他的指责。霍夫曼相信，我通过批评奥尔布里希穿时髦服装时戴这种嵌有厚纸板的领带而进一步诽谤了奥氏的记忆。当然，即使我希望，我也无法以此来批评霍夫曼。1931 年。霍夫曼的评论是在《横截面》第 848 页，以"申诉（Complaints）"为题。该文如下："亲爱的主编！在上一期的《横断面》中……我读到阿道夫·路斯的一篇回复。该回复旨在回答，在某种意义上什么是对过度客观的古里托（Gretor）的直接而故意的嘲讽。数月后，他终于利用这个机会彻底地诽谤我和我早已去世的朋友奥尔布里希与莫泽（Moser）。实际上，如果路斯真的总是戴自己系好的领带，如果他没有自己故意编造一个关于他们的故事，那么他一定知道（如果他的记忆能再好一点），我们所做的是相同的。但他关于有天鹅绒领子的格子花纹礼服大衣（frock coat）的故事确实是他自己的谎言。而这种谎言来自他从不曾消亡的仇恨。如果奥尔布里希和莫泽还活着且还能为自己辩护的话，那我将很高兴保持沉默。我和莫泽曾经觉得有责任（由于整个世界只有对所有过去样式的复制和糟糕模仿），将我们自己从装饰中解放出来，并首先从最简单的方式开始，以便最后带来一种完全的建筑风格转变。今天看来，我们这样做的理由或许显得多余，但无论如何，在当时那必定是不可或缺的。"

[*5] 约瑟夫·霍夫曼（Josef Hoffmann），1870—1956 年，奥地利分离派建筑师和日用品设计师（平面设计、家具设计、室内设计和金属器皿设计等）。他也为机械化大生产与优秀设计的结合作出了重要贡献。——中译者注

咖啡博物馆室内，1899 年
资料来源：Janet Stewart, *Fashioning Vienna*.

人们可以将在我们纪念展览会上看到的室内分成三类。第一类极力忠实地模仿老式家具；第二类追求现代样式；第三类试图改造老式家具，使其满足新的需要。

今天我要讨论第一类。我已经在关于奥托·瓦格纳房间的文章中详细地讨论了第二类；其余的房间将在下次讨论。但我必须沉默地忽略第三类。

我认为，人们即使不尊重某位早期绘画大师，至少也会足够尊敬其作品，使其保持不变。对西斯廷圣母像的胡乱复制将是对拉斐尔灵魂的亵渎。在这种复制中，绿色的窗帘被画成了鲁本斯（Rubens）[*2]的红色，两个天使的脑袋也给换了，圣思道（heiligen Sixtus）和圣芭芭拉（heiligen Barbara）被替换成了圣阿洛伊修斯（heiligen Aloysius）和圣厄休拉（heiligen Ursula）。"但请不要夸张，"我听木匠说道。"当然，没有人会那样做。拉斐尔是一位画家，但对一件木工作品来说……"

但就像我们的画家尊重早期绘画大师一样，文艺复兴和巴洛克时期的伟大木匠也应该被其追随者所尊重。这使得某种职业尊重成为必要。我们能画新的东西，做新的木工作品。我们能复制古代的东西，严格地复制，严格到尽我们这个时代的最大可能，甚至严格到放弃我们自己个性的程度。但是对那些蓄意亵渎古代艺术作品的人，让我们大声高呼，"住手！"

对那些早期大师不能以任何其他方式实现的东西，最好不要复制。但这样说肯定会遭到反对。例如，玻璃过去比较低档；因为玻璃仅由小块构成。如果当时也有高度发达的玻璃工业，那伟大的早期大师也能利用玻璃创作杰出的作品。

他肯定有能力这么做。但他也可能为玻璃绘画选择不同的主题；然后他也可能提出不同的设计。我们总是在善意的进步的沙滩上搁浅。古代人物和古代群体只适用于当时使用的材料，如果想要在现代玻璃上绘画，那么就要画现代人物。如果对早期大师的作品有不满意之处，那么也别打扰他。试图对他的作品加以改进，简直就是对伟大的欺骗。

很多人都不赞成我支持复制。在其他世纪，人们都不模仿。模仿的做法只属于我们这个世纪。对早期作品形式与风格的复制与模仿，是我们的社会条件造成的；而以前的世纪没有这种社会条件。

法国大革命解放了资产阶级。没什么能阻止他们赚钱，也没什么能阻止他们以自己喜欢的方式花钱。他们能像贵族那样花钱，甚至能像国王那样花钱。他们能乘坐黄金马车，穿丝绸袜子，购买城堡。他们为什么不该这样呢？这样做甚至是他们的职责。其中有人仍向往旧的政权和制度。当然，他们会说，现在我有权打扮得像威尔士亲王。但我不是国王的子嗣。我只是资产阶级中的普通一员。不，我亲爱的资产阶级，你没有这样的权利，你有穿得像威尔士亲王的职责。记住，你是孙子辈。你伟大的祖父和父亲奋斗过，也许他们还洒过热血。一个国王和一个皇后的女儿因此而上了绞刑架。现在轮到你来正确使用他们（父辈）奋斗得来的东西了。

家具（Möbel）[*1]

《新自由报》，1898 年 10 月 2 日

[*1] 这篇文章对应于《言入空谷》德文第一版第 120-123 页的内容。

[*2] 彼得·保罗·鲁本斯（Peter Paul Rubens），1577—1640 年，佛兰德斯画家（泛指古代尼德兰南部地区），巴洛克画派早期的代表人物。他的绘画着眼于生命力与感情的表达，其肖像画技巧完美，引人入胜。

我们的资产阶级很快意识到亲王如何穿着打扮。因为衣服会穿旧，当旧衣服不可再穿，就需要订购新衣服。所以现在要模仿简直是小菜一碟，只要去替亲王做衣服的裁缝那儿，告诉他："重复就好！"但这两者的家世是不一样的。高贵的王室拥有大量几世纪以前的旧式家具。他们为什么要仅仅为了新奇而将钱扔出窗户？相反！他们因拥有古代物品而感到享受，并以此将自己同新近富裕起来的资产阶级相区别。在他们仍掌权时，资产阶级没有办法获得这类东西。未曾用过的舞厅，家具储藏室——这些东西资产阶级都没有。资产阶级只能把家具用旧为止。如果资产阶级也想拥有像王室用的那样的东西，他们只有去复制。

这没有错。这可能是暴发户的典型做法，但这也属于有一定高雅气质的暴发户。当喜欢的古代原作难以获得，希望拥有其复制品或图画则是人之常情。古代建筑的图片、雕塑的石膏模型、提香作品的复制品都能勾起人的愉悦情感，仿佛是在原作前驻足观看一样。

人们还记得家具师桑德尔·杰瑞与我们艺术与手工艺博物馆馆长霍夫拉特·冯·斯卡拉之间的较量。但如果人们看了杰瑞的展览，就会惊讶地问自己，这有什么大惊小怪的？霍夫拉特·冯·斯卡拉的基本原则为他招来了应用艺术学院和艺术与手工艺协会当权人的敌意。第一个原则，根据所有文明国家公民所遵循的准则，就像我在前面提到的那样："可以复制，但要严格地复制。"第二个原则是："在现代家具制作中，英式家具是潮流引领者。"在我提到的阵营里，人们为这两个原则争论得不可开交。他们仍然认为，可以根据早先时代的精神创造出新的东西。例如，他们不认为哥特式枝状燃气大烛台就像哥特式火车头一样无聊。但第二个原则，明显是因为出现了词语"英式"，产生了激烈的反应，就像在公牛前挥舞红色的旗帜一样。

让我们来看看桑德尔·杰瑞如何对抗霍夫拉特·冯·斯卡拉。他展示了一个路易十五风格的沙龙、一个意大利巴洛克风格的餐厅、一个"玛丽亚·特瑞莎风格"（Maria-Theresia-stil）[*3] 的沙龙、一个帝国风格的沙龙——所有这些都是真正的复制品。然后是现代风格的作品：说起来真可怕（*horribile dictu*），一个英国绅士的房间。所以我们看到桑德尔·杰瑞鼓吹艺术与手工艺协会的信条，但却遵循了霍夫拉特·冯·斯卡拉的做法。

有一次，我被迫极其严厉地批判了杰瑞；对于杰瑞这个从业者，我没法表扬他。人们或许会满怀信心地说，没有哪个维也纳工匠像他那样制造出如此完美的家具，不管是在质量方面还是数量方面。的确，他的作品数量众多；在他没有持续关注的情况下，在给定期限内，要完成众多的典范作品，确实需要突出的工作能力和效率。在餐厅陈设方面，人们呼唤维也纳艺术行业必须为自己展示任何方式的重要装饰才能。不论目光恰巧落在哪里，人们都看不到任何错误。每样东西都是精确的复制，严格遵照原物所处时代的精神。这就是艺术，一种非常重要的艺术。因为与公平对待西斯廷小教堂内的作品相比，以拉斐尔的"方式"绘制一幅新的圣母像要容易得多。

[*3] 玛丽亚·特瑞莎（德语：Maria Theresia，英语：Maria Theresa of Austria），1717—1780 年，奥地利女大公、匈牙利和波希米亚女王，哈布斯堡家族的神圣罗马帝国皇帝查理六世之女，皇帝弗朗茨一世的妻子，皇帝约瑟夫二世的生母，哈布斯堡王朝最杰出的女政治家。在任期间，她与其子约瑟夫二世皇帝实行"开明君主专制"，奠定了奥地利成为现代国家的基础。

除了三个现代风格的房间，伯恩哈德·路德维希（Bernhard Ludwig）还展示了一个沙龙。该沙龙是对位于维尔茨堡（Würzburg）[*4] 的王子主教城堡中房间的复制。墙壁、天花板和家具都涂上了绿色的马丁漆（*Vernis Martin*）。[*5] 效果非常迷人，但是，只有同时也建造了一间红色沙龙的人才会支持这种效果。这样或许是有必要的——并将会有必要，因为人们需要躲在红沙龙内做短暂的矫正。

J·W·穆勒展示了一间德国文艺复兴风格的绅士的房间。多么有家的感觉，多么牢固啊！它忠实的、有能力的木做工不是轻易就能达到。每根线条、每个把手都展现出对古代大师能力的尊重！没有改变任何东西；甚至是"难看的"古代德国比例都被保留下来。对现代人的感受力来说，那种比例或许是最难的考验。确实如此。因为这就是一个非此即彼的问题。多么美丽啊！多么辉煌啊！现代能干的维也纳大师帮助其 16 世纪的同行胜利地出现。理查德·瓦格纳（Richard Wagner）让他的汉斯·萨克斯（Hans Sachs）说了什么呢？"尊敬的德国大师，你这样是否会像变戏法一样变出好的精神来？"现在我们知道：桑德尔·杰瑞、伯恩哈德·路德维希、穆勒是能变出好精神来的魔法师。

[*4] 维尔茨堡（Würzburg），德国历史名城，位于巴伐利亚州，濒临美因河。原为凯尔特人居民点和古罗马人营地。联合国教科文组织已将其列为世界文化遗产之一。

[*5] 绿漆和金粉的制剂，路易十三时期由法国马丁（Martin）家族推出，用作家具的最后一道漆。——英译者注

1898年的家具（Die Möbel aus dem Jahre 1898）[*1]

《新自由报》，1898 年 10 月 9 日

[*1] 这篇文章对应于《言入空谷》德文第
一版第 124-127 页的内容。

这种东西也出现在展览上：完全"没有风格"（stillos）的家具，也就是不遵照早期任何风格的家具。它既不是埃及风格，也不是希腊风格；既不是罗马风格，也不是哥特式风格；既不是文艺复兴风格，也不是巴洛克风格。任何人只要看一眼就能明白——它是 1898 年的家具。

这是一种不会持久的风格。不管从哪方面来说，这种风格也不应该持久。因为它的权威只持续一年。然后就出现了 1899 年的风格，这又是完全不同的风格。我们将无法真的觉察到这种风格，但 20 世纪的博物馆馆长将很快就会发现这种风格，并正确地为其贴上标签。

有些人为我们的风格不能持久而感到遗憾。中国人就会这样想。在中国每样东西都持续数千年。而另外一些人，他们生活中只有一个愿望：做事情总要比别人做得好。因此新的形式就从他们中间产生。

桑德尔·杰瑞（Sandor Jaray）和穆勒（Müller）还在挂着外国的旗帜航行。他们称自己的现代风格房间为英式房间。这种论调适合穆勒的有趣研究。人们可以听到许多意见，称这种东西不爱国。到目前为止，我们已经模仿了所有的民族和时期。我们乐意让我们的工匠创作荷兰、法国、意大利和西班牙风格的作品。我们已经丝毫不差地复制了摩尔人、波斯人、印度人和中国人的作品，而且对模仿各种日式闺房相当自豪。现在我要问，为什么一说到英国式的房间，我们竟然这么紧张？英国式的怎么啦？为什么我们要将英国式排除在外？

但穆勒的房间在其他方面也非常引人注目。这个房间告诉我们，使用廉价材料也能获得新的、独创的效果。华丽的作品当然很好。但我们不要忘记，我们的手工艺行业不仅仅是为百万富翁服务，它必须与所有其他人相关联。实际上，最近几十年，我们顶尖的公司也生产了简洁的家具，只是没有展出而已。他们似乎羞于展出这些家具。在圣诞展览会上，当霍夫拉特·冯·斯卡拉也展出简洁家具时，愤怒的风暴席卷了我们的手工艺界。如果手工艺行业与中产阶层能比现在建立更多的联系，那将更好些。然后工匠才有能力与他们最危险的敌人抗争：模仿。因为给窗户分割安装普通无色玻璃的工人不是玻璃漆匠的敌人，其敌人应该是半透明纸张的制造商。制造普通家具的木匠不是木雕家的敌人，其敌人应该是"锯屑与胶水"装饰品的压制者。

桑德尔·杰瑞的英式房间并不是英国风格的。一块波斯地毯并不能使房间成为波斯式的。一座日式屏风和一些小玩意儿，也不能使房间成为日本风格的。我陪同一位老派的英国贵族女士参观杰瑞的展览，她立即认出了所有风格的时期："这是路易十六风格的，这是意大利风格的，这是洛可可风格的，这是帝国风格的！但那是什么风格的？""那是英式风格的。"我回答道。

这个房间的确不是英式的。但这不是缺点。它是维也纳式的。每样东西都透露着可爱与高雅。对我们来说，它之所以看起来如此像英式的，是因为其中使用了很多英国形式。这受到了欢迎。我们必须充分利用来自外部的所有灵感。德国文艺复兴时期的大师也这样做。就让死者安息吧。

　　伯恩哈德·路德维希（Bernharcl Ludwig）展览的骄傲和重点是餐厅。这个房间将开启维也纳家具行业的新时代。是什么使这个房间变得如此重要？实际上，是我们这个时代最伟大的木材装饰雕刻家为这个房间进行了装饰。

　　这是一个非凡的房间，是这位木雕家的诞生地。在创作这个房间之前，没有人知道他能做什么，甚至连他自己都不知道。当伯恩哈德·路德维希计划为橡木餐厅用木雕进行装饰时——这是展览开始前六个星期的时候——而他还未意识到其事业的范围。这位雕刻家名叫弗朗茨·泽利兹尼（Franz Zelezny），是一个有名能干的人。在此之前，泽利兹尼因创作出最好的、风格最纯的作品而闻名业界。但伯恩哈德·路德维希想要一些其他的东西。他只是做了严格意义上的木结构，为进一步装饰留下了空间。"在这儿，我亲爱的泽利兹尼，在这儿为我布置一些东西。""弄成什么风格呢？""就以你的风格吧！"

　　以他的风格！这是怎样地渗入这个人的内心和灵魂。以他自己的风格，就像他曾经常常想象、梦想、设想的那样。在那段时间，他这位艺术家，已必须将家具设计师的平庸的草图转化成形式。然后，他毕竟还是有了愿望！他开始行动了。一开始他还有点忧虑，并不完全相信自己的原始力量。但后来，他就渐渐地感到更加强大和自由。什么是哥特式的？什么是洛可可的？这是自然的，现在就按它来干！

　　"这是自然的，现在将其风格化"，这是学校里教授的内容。哦，这些"风格化的"艺术和手工艺教授们！其中一位出版了有关风格化动植物的著作。如果你问他，所有这些东西是为哪种材料而风格化的，那么你会得到这样的答案，"当然，你可以完全按照你的喜好来使用它们。"

　　这明显是胡扯。并不存在绘图老师教授的这种风格化。当然，绘图老师能够风格化，但只是在图板和平面上。他们能画出二维的动物、植物或物体。自然这很不容易。他必须画出自然界并不存在的线条，并省略其他的线条。尽管如此，他能——尤其当他使用画笔和画布，并成为画家的时候——非常接近自然。

　　每个工匠，每个艺术家都希望能这样做。中世纪的石匠为自己抓了一只火蜥蜴。"你等会，小家伙，我要把你刻在石头上，做一个出水口。"接着他开始雕刻起来。然后他对其画家同伴说，"看这儿，画家兄弟，看我雕出了一个多么出色的形象啊。难道这不是一个生动的火蜥蜴形象吗？"

　　他的画家同伴摇摇头。在视觉方面，他有更丰富的经验。这很容易理解。石匠很少用眼睛来比较自然，而画家则绞尽脑汁，以石匠完成的工作为基础画出新的平面图，或者严格按照规则发明一种新的四叶饰（quatrefoil）。他才是罗赫利茨分离派（Rochlitzer Sezession）[*2] 已开始考虑的人，这是与那种不忠诚的、已经背离古老石匠传统的同盟关系的分离。画家一生只考虑一件事情：他怎样才能看透自然的神秘形式——所有人都能看到，但没人能画在纸上的形式。

*2 罗赫利茨分离派（Rochlitz Secession）是产生于 16 世纪的一场运动。在这场运动中，罗赫利茨（Rochlitz）城的撒克逊（Saxon）城的泥瓦匠同业会（Bauhütte）宣布从势力强大的斯特拉斯堡（Strassburg）同业会中脱离出来，试图建立自己的同业会。——英译者注

所以画家摇摇头。"亲爱的石匠兄弟，"他说，"如果你认为自己的作品与那个动物有一丁点相像，那你就是在严重地蒙骗自己。看看前腿！它们太长了。还有脖子这儿，以及这儿，以及这儿……"

石匠生气了。"好吧，如果我不将其前腿刻长一点，那我应该怎样把这个动物支撑在喷水池上！"每件事情他都有借口，而且在每件事情上他都挑画家的毛病。他完全是正确的。因为他这样看事情，所以事情也只能是这样的。

就想想看吧。这个人自 14 岁起，每天在石匠的小屋里工作 12 个小时。难怪他看到的这个世界会与画家不同。当一个人一辈子都与石头打交道，他就会时刻想着石头，看到石头。这人的眼睛里只有石头，会把看到的所有东西都想象成石头。他已经培养了一双石头般的手，这双手本身会将所有东西都变成石头。以装饰叶和葡萄叶来说，他眼中看到的和手里做出来的模样与金匠看到的和做出来的很不一样。因为金匠将每件东西都看成是金子的。石匠大师爬得越高，工场对他的束缚就越小。他离自然越来越近，直到最终他摆脱了工场的束缚。文策尔·雅姆尼策（Wenzel Jamnitzer）[*3] 创作的罗特希尔德（Rothschild）中心装饰品上的草叶、蕨类、甲虫、蝴蝶和蜥蜴，与自然界中的一模一样。所以工匠和艺术家的作品代表了材料与自然之间的伟大战争。但制图老师教授道，"主要的事情是风格化。我将在下节课讲授风格化的规则。"

泽利兹尼并没有风格化。他是个大师。在他眼中，每样东西自己就跑到木材里去了；在他手里，每样东西的形状都以木材成型；他是一位在创作前不先用绘图板来破坏花朵和叶片的艺术家。他直接以木材创作，因此，他的装饰作品便如同所有天才的作品一样，具有充满生机和自信的特点。这不是古代人的辛勤劳动。那些古代人相隔很远，也有能力做出相同的装饰品模型，无论是半圆形装饰还是凸出的四分之一圆形装饰。这是 19 世纪末自由工人创作的作品。他们从自己的作品中获得乐趣。他们创作起来速度又快，数量又多。

[*3] 雅姆尼策（Jamnitzer，1508—1585 年）是在纽伦堡工作的维也纳金匠和雕刻师。他是当时的一流工匠，为皇室宫廷、贵族和教堂制作了珍贵的作品。其高超的技艺表明他受到了意大利风格主义（Italian Mannerism）的影响。——英译者注

这有一把椅子。这把椅子是一件艺术品。如果我为这把椅子画一张画，那画中的椅子只是原艺术品的图像，因而是间接的艺术作品。

让我们试着用同样的道理来讨论文字。文字能雕刻在石头上，能铸在铜中，能用笔写下来。石头和铜上面的文字能借助光影和透视法转印到纸张上。但这些只是文字的图像，而非文字本身。纸上的文字除了印墨以外，没有其他量度。

有的木匠喜欢制造只是很好展示模型的家具。同样，也有的印刷匠以创造书写的、凿刻的和铸造的文字的图像为荣。先选出能投下华丽影像的字体。然后所有的事就是雕刻，这似乎已经是排版了；这种效果通过文字右侧和下方的阴影线来显现。但他们并不满足于此。他们甚至尝试模拟印刷本身。为了达到目的，他们让纸张看起来像有一个大头针固定在上面，或者像撕破了，或者像有一个角折到下面去了。有的模仿放斜了的卡片，以致从透视上看文字会变得越来越小；还有的假冒纸张甚至会投影到真正的纸上！所有这些都是间接的！

但明智的印书匠并不想去模仿印刷作品；他更愿意自己去创造新的作品。因此当我们谈到印刷工作品的时候，我们当然只指那些有才能的人的创新。甚至有模仿描绘的、平版印刷的和书写的文字的字体，但这不是什么秘密。这属于有关模仿的那一章。

最近，海报的广泛流行给艺术家带来了一个新问题。如何统一文字（合适的印刷文字）与图像，使两者结合后成为一件完美的艺术作品？这就是有待解决的难题。

这不是一项简单的工作。统一两种不同的图形工艺是不可能的。例如，如果在以通常方式用油彩印出的山水画上，在蓝色天空或绿色湖泊中，加入一行普通的印刷字"阿尔卑斯山的药酒是最好的！"请想象一下，这会是什么效果。实际上，甚至都没有必要去想象，因为这种情况太多了。

所以，现在问题是将文字加到图画作品中。对平版印刷工来说，这很简单。平版印刷工谢雷特（Cheret）[*2]已经教授他们如何绘制平版印刷的图形。但这并没有处理印书匠的问题。创新的人只能是印书匠。印书匠必须有能力只用印刷机的黑墨来思考；对他来说，整个世界就是一大张纸，而上帝在上面已经印刷出了人类和野兽，庭院和房屋，树木和山脉，天空和石头。他必须能完全出于本能和内心冲动，不假思索就创作出"印刷的"人物。这种人物出自黑色的印刷油墨，这种人物离开他们所在纸张就难以想象，这种人物从不需要知道自己从侧面或从后面看会是什么样子。绘图老师会怎么说这种人物？"风格化的人物。"

曾经出现过一位这样的印书匠。他是美国人布拉德利，他现在生活在马萨诸塞州的斯普林菲尔德（Springfield）。[*3]他是典型的骄傲顽固的排字工，他不允许绘图工匠完成的艺术品与他的印刷文字排在一起。对他来说，没有不重要的东西，没什么字体比其他的字体要优先。他的文字从不跳动。在印刷厂，时刻都有严格的监管，以确保文

印刷工（Buchadrucker）[*1]

《新自由报》，1898 年 10 月 23 日

[*1] 这篇文章对应于《言人空谷》德文第一版第 128-131 页的内容。

[*2] 朱尔斯·谢雷特（Jules Chéret，1836—1932 年），法国平版印刷工和装饰画家。作为新艺术（Art Nouveau）海报的创作者之一，他改进了彩色平版印刷技术，并创作了生动直接的设计。该设计着色大胆，使用略图，去除不必要的细节，且文字简洁；他的舞女海报极其流行。——英译者注

[*3] 威尔·布拉德利（Will Bradley，1868—1962 年），印刷工、字体设计师、艺术家和插图画家。他深受英国艺术与手工艺运动的影响，是美国新艺术风格的主要支持者之一。他于 1890 年代使用卡斯龙（Caslon）字体的印刷作品，是基于殖民地印刷工的作品，并"立即将美国印刷工的风格转变成健康、愉快、艺术型的。"[《美国印刷手册》，第 3 版（纽约，1913 年）]——英译者注

字精确地形成直线。这是既定规则。他完全不了解空间透视，不了解随着距离的增加，某单一色域内颜色阴影会变化。一种颜色在这儿结束，另一种颜色从这儿开始。他的视觉非常原始。他只看两种颜色和对他来说就是白纸的无色。因为他只能凑合使用两种"印书匠的颜色"。但是借助这两种色调，他创造出的效果，比我们的画家用 9 种颜色印刷出来的效果还要强大。他的世界很小，小到手工艺一直处于的世界。但在这个世界中，他是王者。

我们维也纳的印刷工没有权力欲。他们已经让画家和建筑师从他们手中夺走主导权，而这些人自然会以他们的方式来使用这种权力。但画家和建筑师不能做印书匠的工作，就像画家能画出鞋子的完美图画，但他永远也不能做出一双鞋子。因为，相信我，鞋匠的工作就像任何其他的手工艺一样难学或易学。画家不为我们做鞋子的唯一原因是——尽管他们将很快占领所有的工场——我们的脚比我们的眼睛更加敏感。我们的眼睛容忍度更大。

也并不总是这样。如果人们的眼睛变得更加敏感，那么当他们看书和思考时，也就不需要劣等的印刷和劣质的纸张来惹恼他们。书籍页面左右和下方要有合适的宽度，这样就有足够的空间让手指来拿书。现在人们不得不把手指放在印刷字的中间来阅读。[*]

在我们周围，希望从一本好书中获得一切的人，很少能如愿以偿。由于维也纳公司的制图技术能力在欧洲优良无比，这就更加可惜了。究竟哪里有一家像安格勒与戈斯西（Angerer & Göschl）公司那样的、我们能首次在国外听说其重要性的公司？我们只是对它太习以为常罢了。

在各种不同的印刷公司中，阿道夫·赫尔兆森（Adolph Holzhausen）公司脱颖而出。他们只印刷学术著作，但因此轻松地绕开了纯文学带来的诸多困难。因为这值得注意：几乎所有的学术著作都以非常健康优雅的方式表现自身，而更多文学作品却不得不忍受所有可能的创伤。

反对英国风格（霍夫拉特·冯·斯卡拉）的战斗发表于《新自由报》

DER KAMPF GEGEN DEN ENGLISCHEN STIL

(HOFRAT VON SCALA)

AUS DER "NEUEN FREIEN PRESSE"

奥地利博物馆的冬季展览会
（Winter aussteilung des Österreichischen Museums）[*1]

《新自由报》，1898 年 11 月 13 日

[*1] 这篇文章对应于《言入空谷》德文第一版第 133-137 页的内容。

参观过 1862 年伦敦世界博览会的奥地利人，看到奥地利与英国在艺术和手工艺方面的巨大差距，心中一定充满了伤感。在英国，人们有积极的生活和新的方式，他们努力奋斗，在派别之间开展辩论，探求新的形式和美；而这里有的是奥地利手工艺工人的麻木和顺从，有的是停滞不前和萧条。这种伤感催生了一个愉快的想法：和英国人一起去上学，像英国人一样做事。

有了想法就开始行动。奥地利博物馆就是根据英国模式建立的。新事业有好运。艾特尔贝格尔开始追随英国思想，而通过这种方式，新的原则有了坚实的基础和坚决的方向。

确实没必要说，维也纳大众疑惑地跟随着这些志向。他们辩论着，我们不是维也纳人吗？我们怎么走到了这步田地，竟然要抄袭英国人的东西？说在维也纳城墙外，有些东西做得比城墙里面的好，这激起了维也纳人傲慢的敌对情绪。确实，如果某人从普通平民那儿听到这件事，他肯定会忍不住要说，整个行业只有一个宗旨，即将奥地利产业拱手相让给英国。拿人薪水的英国代理！然而，艺术界的贵族保卫这种努力，最终结果就是诽谤。

尽管对新的努力有各种攻击，但"英国病"——前段时间的流行口号——快速地发展了起来。这对奥地利的产业没有造成损害。这要感谢以下状况：由于维也纳人首先有了理解英国的迹象，施图本灵街上的博物馆成为欧洲大陆艺术与手工艺运动的汇聚中心。来自德国、意大利和法国的同行在这儿研究维也纳的发展。拒绝接纳新精神的旧工场关门了，而热情欢迎新思想的新工场发展壮大，快速获得尊重。突然间，这在维也纳引起了轰动。旧垃圾被扔了；"时髦的"（stylish）成为口号，维也纳人把这个英文词翻译成"stilvoll"。外国也来这儿下订单。

但维也纳人喜欢完成工作后休息，而且是超过必要限度的休息。英国人却不这样。尽管维也纳和伦敦似乎多年来齐头并进（实际上，根本没这么回事，因为伦敦有领先的优势），但差距却越来越大。德国也歇了会儿。但当芝加哥展览会让德国人意识到他们与其他文明国家差距的时候，他们便闪电般地奋起直追了。现在他们将要实现其目标。

但奥地利却什么也没有发现。人们确实注意到了一些事情。也就是说，他们注意到艺术和手工艺发展得没有像以前那么顺利了。让我们说彻底糟糕吧。人们发现，同样的枝形女性雕像吊灯，现在的制作时间和 20 年前一样，当时能卖 500 弗罗林币（fl），而现在连 50 弗罗林也卖不到。尽管它现在闻起来仍有油漆味，而且卖家发誓说这是来自女歌手的家里。人们还注意到，再也没有外国人来研究维也纳博物馆的活动了。他们发现，巴尔干半岛以前是奥地利艺术与手工艺主要市场，现在它也开始疏远维也纳而转向伦敦去了。然后他们注意到——这也是最令人沮丧的地方——奥地利从伦敦家具公司进口的商品却在逐年增长。

　　到底发生了什么？时任教育部艺术与手工艺局的主管拉图尔伯爵（Graf Latour）和了解英国艺术状况的私人鉴赏家冯·斯卡拉先生（就像当年的艾特尔贝格尔一样），一起到国外去寻找导致这些萧条症状的线索。他们在国外发现，我们休息得太充分了。必须加快脚步。损失是巨大的。我们在国外的威望已深受损害。我们曾经是欧洲大陆艺术和手工艺行业排名第一的城市，现在我们排到了最后几名。我们被远远地甩在了后面。这已不再是在官方层面争论什么风格对我们有利的事了，这是完全利用某些手段作为有益力量的事情了。我们已经没有选择了。

　　因此，唯一的办法是：那些在奥地利和国外具有购买能力的公众，他们也能在奥地利买到某些商品。这些商品就是能在英国买到的和实际上导致消费者直接去英国的商品。

　　每个人立即开始工作。博物馆不再像以前那样收藏日本盔甲和北欧神话画作，而是收藏古典的英国家具和其他实用物品。1863 年维也纳人被迫反对英国热情的旧呼声被再一次激发了起来。关于"英国病"的口号也被抹掉灰尘，再次走出了阁楼。然而又一次，它还是没能证明自己的力量，即使工商界的反对者对博物馆新馆长发表了诽谤性言论，即使大家毫不犹豫地宣称冯·斯卡拉（Hr.v.Scala）先生将英国制造的商品引进博物馆是为了销售。但是代表进步的新精神再次成为战斗的胜利者。甚至再次提出"秘密基金"的谎言也毫无作用。该谎言和关于进口英国家具的观点已经流行了一段时间，但从来没有像最近这样甚嚣尘上。年底前，省议会派众议员施耐德（Schneider）对"秘密"基金进行了正式调查，并由政府进行审查，结果发现是准确的。这当然只是走个程序，因为创建并亲自管理一笔促进手工艺工人发展的资金（出于对手工艺的纯洁友谊）的高尚骑士们不应被冒犯。但众议员施耐德还是非常高兴地进行了调查。

　　声称在博物馆内外销售来自英国的家具则是另外一回事。霍夫拉特·冯·斯卡拉为博物馆获取的英国家具，像博物馆里的其他所有物品一样，都是用于展览，也都属于博物馆藏品。而查看博物馆中关于所有藏品的登记册就会发现，甚至没有一件家具遭到损害，或被搬出博物馆，或在新的管理下被卖掉。人们如何能证明这一点？很简单，实际上，因为所有的东西都在那儿。如果早一点知道真正情况，就能避免许多根深蒂固的误解。

　　有些报纸竟然把霍夫拉特·冯·斯卡拉称作旅行推销员，说他走遍各地，只为购买英国家具。我很反感不得不严肃地反驳这些荒谬的指责。但必须这样做。如果真是这样的话，那他就没有代表博物馆的利益。但他指导维也纳的家具木匠，为以前每年跑到英国去的大众制造完全一样的家具，这表明他没为英国人做什么贡献。

有人会反对我，认为我或许急于奏响凯旋之歌。可能霍夫拉特·冯·斯卡拉将不能站稳脚跟。最后的日子还没到来。不过，这根本就不是冯·斯卡拉先生的问题。因为艺术与手工艺协会在论战结束时发表的公报，已经宣布了斯卡拉的想法。

但回忆能说明问题。去年，冬季展览会开幕时，毕竟是艺术与手工艺协会联合起来一致反对新思想。该协会发表了一篇意标题味深长的文章——"学究气的文艺复兴"（Die Renaissance des Zopfs），以此来嘲讽新的发展动向。今年夏天，一位来自反对斯卡拉阵营的企业家，对正在观看艺术与手工艺协会展览的皇帝说，"这种风格不会持久"。这个房间的参展者家具木匠穆勒大师没有被邀请，而那位企业家就是以这种方式向他不在场的同行致敬。现在，令大家惊讶的是，艺术与手工艺协会说它从未反对过英国风格，那样想是完全错误的。确实，它甚至引用了曾经被过分诽谤的同事的著作，其中这样写道，"成千上万的、参观了当前在圆顶大厅中举办的纪念展览会艺术和手工艺展区的观众，亲眼目睹之后，必将会被艺术与手工艺协会的一些最卓越、最有能力的成员所折服"——注意，穆勒先生，家具木匠大师！——"正是他们展出了极端现代的房间，如果我们想用常见的词语来表达，那就是极端英国的房间。"

这个声明确实值得霍夫拉特·冯·斯卡拉骄傲。人们不得不认为，他所做的已超出了一年任期所需要做的。当然，这种观念的变化不是那么静悄悄就实现的；在维也纳艺术制造商的思想里中，很长时间都没有摆脱危机风暴。是的，难道不能避免所有这些吗？

不能避免。然后需要的恐怕不是一年，而是很多年。奥地利艺术与手工艺行业等不起。因为事态正在变糟，非常糟糕。当然，在那些按照斯卡拉原则工作的工场里，有大量的工作需要夜以继日才能完成。甚至都不能接收新的任务。但我们艺术与手工艺行业的大多数从业人员需要度过困难时期。所以最好来些电闪雷鸣，这要好过于让整个行业等待拯救。

去年，参加冬季展览会的人不多。这并没有什么遗憾的。今年，我们则面对 150 个公司。我们曾试图告知大众，只有小工匠才能参与，即那些"无法提供产品说明书的小工匠。这就是自信的理由！为了表明没有异议！"

但我们如何转变了啊！我们都听到了奥地利艺术行业最自豪的名字。总而言之，不止 150 个参展者。我们昂首阔步。是的，但我们没有被告知，说霍夫拉特的行动是在对抗所谓的奥地利艺术与手工艺吗？在我们看来，好像他们在他的旗帜下，被集合成一个整体。然后对立面在哪里？

　　去年，霍夫拉特·冯·斯卡拉通过让有远见的工匠制作严格复制的产品而获得了首次成功。今天，维也纳的艺术与手工艺能以新精神进行一系列创新，这是在博物馆进行了一年管理工作的成果。

参观奥地利博物馆（Wanderungen im Österreichischen）[*1]

《新自由报》，1898 年 11 月 27 日

[*1] 这篇文章对应于《言入空谷》德文第一版第 138-141 页的内容。

[*2] 撒马尔罕（Samarkand），乌兹别克东部城市。

有一所学校，年复一年地教授地理，欧洲、亚洲、非洲、澳洲和美洲，但该学校使用的教科书有一个缺陷，就是没有英国。为什么？因为英国人并不认同该学校所在城市的居民。人们认为，自己正通过忽视英国人来戏弄他们。然后学校来了位新校长。新校长苦恼地发现，他的学生非常熟悉东京、威尼斯、撒马尔罕（Samarkand）[*2] 和巴黎，但却不知道齐本德尔（Chippendale）和谢拉顿（Sheraton）的名字——请原谅，我指的是伦敦和利物浦。他决定弥补这种可怜的局面。

有远见、学习努力的学生对新老师感激不尽，感谢他在课程中介绍英国，展现了一个新的世界。而懒惰的学生认为这是多余的。但由于感激总是悄无声息地表达，而恶意却是大声叫嚷地喊出来，所以校外的每个人都认为，所有学生都反对新开的科目。此外，努力学习的学生全身心投入新的学习内容，没时间来示威。

柱廊庭院首层的男士卧室是一个迷人的房间。当然，它有缺点。天花并没有结束房间。染成绿色的木头迫切需要一小片白色的墙；然后，由于墙面也用材料覆盖，所以天花将刚好适合这个空间。确实，这是奥托·瓦格纳在纪念展览会上取得非凡成功的秘密。因为即使天花板和家具是同样的绿色，也没人能长时间地待在那种绿色的调味汁里。而且，为天花板选择的是所能想象到的、最不幸的主题：缠绕着植物蔓藤的铁栅栏。在暴风雨中，人们只有撑着伞才会躲在这样的天花下面。

当然，这些缺点与实用房间及其木工作品没什么关系。华丽的木雕出自泽利兹尼之手。这位真正木匠的造型，为该房间带来了新形式之余的、一些早期大师风格的东西。房间是由建筑师哈梅尔设计。他让自己从木匠的角度思考，并努力克服自己建筑师的身份。但由于房间里到处都有他的设计特征，结果黄铜设施与木工作品在价值上不相称。也就是说，这些黄铜设施太像木工作品，甚至展示了与木制品一样的装饰。在白天，用门帘可以让参观者看不到床。我认为这是多余的。如果这种观念再度滋生就会很可怕——这是 19 世纪上半叶流行的习惯——睡觉和上床不能让别人看到。另一方面，盥洗台更加实用，因为靠墙那一侧贴上了瓷砖。

*

柱廊庭院的三楼有一把椅子。这把椅子成为反对者针对霍夫拉特·冯·斯卡拉的控诉内容之一。让我们看看某位"权威专家"的言论吧。他写道，"很难相信，博物馆新馆长会展出这样劣等的物品！展出的是带草椅垫子的、做工最简单的椅子，相当好的作品，但绝不是什么艺术品。"

这是严厉的指责。但霍夫拉特·冯·斯卡拉会为了不进一步激怒主流技术权威，而立即搬走了那把椅子吗？根本不会！它将继续出现在展览上，继续冒犯着那些只能坐在艺术品上的、绅士的美感。

人类手工制作的、最简单的草椅，也比以最华丽的印花皮革为材料、用机器生产的椅子要高档千倍。但对那位专家说这些是没有意义的。他不能理解我。但也许有人能用其他方式让他明白。那把椅子价值为20弗罗林，即使——我大方地承认——它展示了最简单的形式，并只有一个草垫子；它值这么多是因为其典范的设计。但我知道带奢华皮坐垫的精美雕刻椅子大约卖10弗罗林。所以我断言，这把简单的椅子比那把10弗罗林的奢华椅子对奥地利艺术和手工艺要更有用。因为它告诉我们，我们必须为好作品多花钱；它提升了公众对价值的感觉。这是值得的使命！难道你不同意？

*

最大胆的改革者，即最能干的人，也是那些对其前辈作品表示出最大尊敬的人。难道这不是很明显的吗？实际上不是。因为能力只能再被能力评价。公众会回忆起，在分离派展览上，一个维也纳工作室的极端现代家具所引起的轰动。这次，该工作室为我们带来了奥登堡（Ödenburg）附近埃斯特哈基（Esterhazy）宫殿中一个房间的精确复制品。这也由于其他的原因而显得平常。也就是说，精确复制某样东西比大致复制某样东西要难许多。每个画家都知道这点。由于平庸之才通常是大多数，所以意味深长的是，支持大致复制的人会比支持精确复制的人多一些。但公众当然可以自己来决定。

我没有看过比这个房间感觉更好的、18世纪封建贵族建筑的高雅环境。若不是有胶水味的话，人们会发誓说自己肯定是在贵族的、旧领地的府邸中。多么好的作品，多么精致，它意味着多么好的感受！该工作室花了7年时间在宫殿的改造上，作为长期工作的成果，它将这个房间作为礼物呈现给我们。从数量上看，它不算多，但它有质量。只有小心眼的人才会数落它，认为在这个房间中也展出旧式家具（18世纪木工艺术的杰作）是个错误。相反：它们向我们证明，现代的维也纳作品能成功地站在早期大师作品的旁边。

*

对艺术和手工艺构成威胁的草椅的对面，是放置三根蜡烛的壁突式烛台。尽管它由黄铜制成，也不能否认其源自铸铁。没人能以铸铁想到更好的了。铁匠拿来很多英寸的铁箍，在两端将其切开，将端头分开；在一侧，他新焊上一片宽度与所切开铁箍宽度相同的铁片，以构成第三个臂。他在铁砧上将其他两端加宽，以便能加上钉钉子的钻孔，将烛台固定到墙上。他适量锉平被加宽的端头，将如此准备好的铁箍弯成合适的形状。准备好了！尽管认为它再简单再原始不过了，但我们对这件东西印象深刻。这个突出式烛台散发出了一种自然的呼吸。在铁匠数十年的夸夸其谈和未消化的陈词滥调之后，我们很高兴终于听到他们用自己的语言说话了。但我们会问一件事情：铁匠应该重新拾回其本来的观念，而突出式烛台应该使用铸铁来制造。

1898 年载于《天平》的文章

AUS DER "WAGE"

NOVEMBER 1898

维也纳的斯卡拉戏剧（Das Scala-Theater in Wien）[*1]

《天平》，1898 年 11 月 5 日

[*1] 这篇文章对应于《言入空谷》德文第一版第 144-152 页的内容。此文标题可能利用了安东·冯·斯卡拉的名字和伟大的米兰歌剧院。路斯发表该文章的刊物或许提示了这篇文章的形式：《天平》（*Die Wage* [The Scales]），一份由鲁道夫·洛塔尔（Rudolf Lothar）发行和编辑的周报。该报纸主要致力于戏剧和政治评论，定期由卡尔·克劳斯投稿。——英译者注

序幕

时间：前斯卡拉时期

奥地利博物馆的门厅

参观者、工作人员

参观者：我能同馆长谈话吗？

工作人员：不行，馆长大约 12：00 才到这。

参观者：那他什么时候离开？

工作人员：也是……大约 12：00。

艺术与手工艺协会的会议

发言人：……我想我已经分析了所有能用来反对每年举办一次圣诞节展览会的理由。艺术和手工艺的发展程度还不足以维持公众每年的兴趣。因此，我建议每三年举办一次圣诞节展览会。（建议获得通过。）

在大街上

木匠一：你从哪里来？

木匠二：从圣诞节展览会。

木匠一：你展览了什么东西没有？

木匠二：展览！谁？我？我是皇家顾问吗？我是商业顾问吗？我是获得过弗朗茨·约瑟夫勋章（Franz Josef-Ordens）的武士？你也知道，所有这些东西都不是为我们这样的人准备的。这是真的，为了能在展览会上展出作品，你只需要成为艺术与手工艺协会的会员，但是我们应该参与进去吗？你知道我们这些普通人在那儿的待遇。

木匠一：但或许，非协会会员也能展示自己的作品。

木匠二：这样想有你好受的！在这个博物馆内，国家（也就是纳税人）没什么发言权。所有的事情都由艺术与手工艺协会来做。该协会由国家支持，但不属于这个小集体的人，就没他什么事。

木匠一：所以总体来说这就是一个私人俱乐部的会所？

木匠二：是啊，是啊，是该开始这么看了。

第一幕

时间：斯卡拉时期

第一场

在文化与教育部

……所以我要求，我亲爱的霍夫拉特，现在博物馆委托给你管理了，你要特别注意弥补对该机构的不满情绪。我们知道你是一个有创新精神的人。但愿你能成功地将我们的艺术和手工艺从目前的停滞状况中解放出来，提出新的激励措施，与艺术和手工艺中的现代运动建立起联系。

第二场

在新馆长的办公室

博物馆职员一：霍夫拉特先生，分配给我的房间太小了，都不能

装下我们馆藏陶器的四分之一。

霍夫拉特：那再用上房间 A。

博物馆职员一：那个房间被艺术与手工艺协会占据了。

霍夫拉特：这样的话，那么……

（博物馆职员一离开）

博物馆职员二：霍夫拉特先生，拱廊庭院中没有地方放置馆藏的 18 世纪家具。

霍夫拉特：那再用上房间 B。

博物馆职员二：那个房间被艺术与手工艺协会占据了。

霍夫拉特：这样的话，那么……

（博物馆职员二离开）

博物馆职员三：霍夫拉特先生，我刚刚发现大部分有价值的馆藏纺织品已经开始在潮湿的库房里腐烂了。[2] 那些是珍贵的蕾丝刺绣、埃及皇室坟墓出土的布，等等。每样东西没来得及挽救就已经被毁了！

霍夫拉特：立即把所有还可以挽救的东西放到房间 C 去。

博物馆职员三：那个房间被艺术与手工艺协会占据了。

霍夫拉特：这样的话，那么……

（博物馆职员三离开）

这个场景可以任意地扩展。

第三场

霍夫拉特（正在写东西）：……所以，面临严重的空间紧缺问题，我认为，作为国家委任的博物馆馆长，我有职责要求艺术与手工艺协会尽快归还其目前所占用的博物馆房间。我认为，如果博物馆再将这么重要的房间让给完全私人化的组织，这就会损害其他艺术与手工艺工人和大众的权利。我认为，所有奥地利公民，无论有没有组织成员的资格，对博物馆都拥有同样的权利。

第四场
在艺术与手工艺协会
成员一：闻所未闻！

成员二：无耻！

成员三：丢脸！

成员四：所以我们应该搬出去？

成员一：当然，我们是这房子的主人吗？难道不是吗？应该让他完全清楚我们的地位！

成员二：他想让其他人也在这里展览作品！

成员三：而且其他人也被允许出售他们的作品！

成员四：商人！

第五场
在馆长室

[2] 由于缺少空间，奥地利博物馆不得不将大部分藏品放在库房里。

霍夫拉特：真遗憾！我本以为能使用所有能用的房间来作为博物馆圣诞节展览会的空间。现在艺术与手工艺协会也想组织一个展览会。他们不是决定每三年举办一次展览会吗？而我不想这样。看来我将不得不减小我的展览会的规模。我非常希望明年的圣诞节展览会能完全由我做主，以对此进行补偿。圣诞节展览会？不，这个名称是由协会发明的。如果我篡夺这个名称就不公平了。我必须想出另一个名称。那就叫"冬季展览会"吧。

[敲门声。办公室工作人员告诉霍夫拉特，木匠克雷恩胡伯（Kleinhuber）来访。]

木匠克雷恩胡伯（一个劲儿地点头哈腰，大声说着维也纳方言）：霍夫拉特先生，你要原谅我。阁下，如果我允许自己，非常抱歉，我知道我只是个普通的工匠，但某个克拉托齐威尔（Kratochwil），霍夫拉特先生请原谅我，他把已经知道的告诉我。他说，"克雷恩胡伯"（这是我的名字，就是克雷恩胡伯），霍夫拉特先生，不好意思……

霍夫拉特（打断他）：但你想要做什么呢，我亲爱的朋友？也许你希望我在这展览你的作品？

克雷恩胡伯（高兴且兴奋）：是的，就是展览作品！

霍夫拉特：那么，这可以安排。

克雷恩胡伯（又羞怯起来）：是的，但霍夫拉特先生，我只是一个普通的工匠，我只有一个助手和两个徒弟，你要原谅我。

霍夫拉特：对我来说，这没什么区别。这个博物馆对所有手艺人开放。以前私人协会才拥有的特权，从现在开始会赋予所有的人。如果协会被允许在这里举办展览，那么其他人也应该能举办展览。如果协会被允许在这里出售它的产品，那么其他人也可以这么做。在国家机构中，每个人有相同的权利。一个由国家所有公民支持的机构，也应该代表国家所有公民的利益。该协会可能会因此而不高兴，但必须考虑到其他的工匠。请转告你的同行，让他们尽管来这儿找我，人越多来越好。你们所有人都被威吓了。但我将继续努力，直到这个机构实现其创始人的意图：成为赋予每个人——每个人——力量、激励和指导的奥地利艺术与手工艺中心。人们指责我是个商人。我当然没有在这里引入销售商品的权利。我只是不得不将此扩展，将每个人都包括进来。正义需要这样做。现在，你想要展览什么呢？

克雷恩胡伯（越来越吃惊地听着）：哦，霍夫拉特先生，如果你这么好的话，我想展览一个简单的箱子。这个箱子在我的店铺里放了20年了，没人想买。在这里我一定能卖掉它。

霍夫拉特：不，我亲爱的朋友，展览会不是这样的。你弄错了。但我不能责怪你。毕竟，直到现在，圣诞节展览会的目的就是为某些家具库房的大量积压产品清仓。但现在情况不一样了。如果必须卖产品的话，这只能是达到一个目标的手段。该目标是让公众了解艺术与手工艺的最新进步。这并不意味着对老的艺术和手工艺漠不关心了。那些由于种种原因对公众来说仍很陌生的领域，尤其需要培养。例如，维也纳人对 18 世纪英国的整个家具产业就一无所知。因此，第一届冬季展览会将追求这样的目标，即通过优良的复制品向公众展示这个时期。我可以给你一个英式家具原件作为模型；它属于博物馆，自然不用于销售。但你也可以做一些你自己的东西。然后，你必须允许由我决定你做的东西是否值得展览。因为我独自对国家负责，决定在这个国家机构中，哪些东西可以展览，哪些东西不可以展览。国家希望我能为这个机构带来变革，这个机构在过去的十年中已成为艺术与手工艺协会的一个集市。国家根据我在商业博物馆（Handelsm Museum）的表现而任命我担任这个职务。如果现在我因为其他原则而误入歧途，如果我向他们屈服，那么这将是对国家的背叛。那么，你是想要进行复制呢，还是想要创造一些新的东西？

克雷恩胡伯：我宁愿复制，霍夫拉特先生，如果我可以的话。我对做自己的东西还没有信心。或许以后，当我搞明白怎么回事的时候，我能做自己的东西。

霍夫拉特：这样的话，尽快再来这，下次我将为你挑一件家具。

克雷恩胡伯（他离开的时候对自己摇摇头）：难以置信！……你以前遇到过这样的事情吗！那应该就是霍夫拉特！那不是霍夫拉特！那甚至不是一个真正的官员。

第二幕
第一场
1897 年冬季展览会结束后
艺术与手工艺协会的会议上
成员一：不幸的事情啊。
成员二：人们像去领礼品一样涌进去。
成员三：是啊，艺术和手工艺就这样失去了尊重。
成员四：那些东西就像畅销品一样被谈论。
成员一：我们从没遇到过这种情况！
所有人（充满坚信）：是啊，从来都没遇到过！
成员二：如果神圣的艾特尔贝格尔还在世能看到这个就好了！
成员三：艺术变成什么样子了？
成员四：不知羞耻的实用物品！
成员一：如此这般地毁了我们的生意！
成员二：你说对了，就是毁了！
成员一：想想看，我现在整个库房都是老式德国家具，但没人想来买了。
成员三：我也完全一样。
成员一：我建议他最好销售我的存货——请原谅，来促进国内艺术和手工艺行业的增长——他应该更强烈地推动老式德国潮流。但你认为他会那样做吗？
成员四：如此傲慢！
成员二：展示英式家具！当然，我从伦敦进口家具已经好几年了，但是……

成员三：我也是。

成员四：我也是。

成员一：我也是。

成员二：……这没关系。牛可做的，主神朱庇特未必可做（*Quod licet bovi, non licet Jovi*）。[*3]

成员三：现在每个木匠都能模仿英式家具，而我们过去常常千里迢迢从梅普尔（Maple）和亨利（Henry）那儿进口这些东西！[*4]

成员四：是啊，这正在损害维也纳的艺术和手工艺。

成员一：当我们过去在博物馆内开展业务的时候才是美好的时光！

成员二：他独自做了这一切！

成员三：他坐在那儿，从早上 8：00 一直到晚上 7：00。你何曾看到过有霍夫拉特那样吗！这是商人的行为！

成员四：而且他对所有普通人都很友善。所有那些以前为我工作的人，现在他们在展览自己的作品。

成员一：但下次我们要向他表明，我们也能吸引参观者和消费者！

成员二：但怎么做？

成员三：或许这是名称的问题。以后我们也将我们的展览会叫作"冬季展览会"。

成员四：完全正确。就是它。但要尽快。最好是明年。艺术和手工艺的变化如此深刻，绝对有必要每年举办一次圣诞节展览会——不好意思——是冬季展览会。

成员一：而且我们必须摆脱霍夫拉特！

成员二：赶走他！

成员三：赶走他！

成员四：赶——走——他！

成员一：但怎么做呢？

成员二：是啊，怎么做呢？

成员三：我有个主意！我们只要散布谣言，说参展者是他的个人门徒！

成员四：或者说展览的物品实际上是由博物馆内他的秘密工厂制造的。

成员一：或者说这些东西根本不是在这制造的，而是从英国进口的。

成员二：或者说他是一个伦敦家具商的销售代理。

成员三：一个商业旅行推销员！

成员四：但会有人相信我们吗？

成员一：那么，我能在一些报纸中安排必要的"权威人士"。

成员二：最后，如果都没什么效果的话，我们还有我们的赞助人！

成员三：对，我们必须找我们的赞助人！

成员四：确实，他会帮我们挽回局面。

第二场

在咖啡馆里

[*3] 牛可做的，主神朱庇特未必可做。——英译者注

[*4] 梅普尔（Maple）和亨利（Henry）是伦敦的两个大型商业家具公司。——英译者注

制造商一：你知道我听到什么了吗？你，艺术与手工艺协会的成员，竟然与斯卡拉一起展览？

制造商二：是啊，为什么不呢？我付了会费，但这是最后的会费了。我不想再和协会有什么关系了。我甚至都没去展览。

制造商一：但你的协会成员身份没有破坏你与霍夫拉特的关系？

制造商二：一点都没有。实际上，百分之五十的参展者都是艺术与手工艺协会的成员。

第三场

在奥地利博物馆的办公室里

成员一（作为艺术与手工艺协会代表团的发言人）：霍夫拉特先生，我们希望您能取消关于参观期间不能将展品带进建筑物的规定。

霍夫拉特：不能取消。如果我的参展者必须尊重参观时间的话，那么我不能给予你任何特权。我不受前任馆长做法的影响。

成员：但整个展览会对我们不利。马车必须先在普拉特公园停一下，而且不能在 9：00 前到达博物馆。

霍夫拉特：普拉特公园？你的工场位于普拉特公园？

成员：不是工场，是展览会。

霍夫拉特（开始有点理解了）：什么？……你想要——

成员：当然！我们想在奥地利博物馆里面出售纪念展览会上没有处理掉的东西。

霍夫拉特：—— ?——!!!

（谈话变得非常激烈。）

第四场

在艺术与手工艺协会的会议上

成员一：你知道发生了什么吗？

所有人：不知道！

成员一：被开除了！！

所有人（高兴地）：终于做到了！！

成员一：你们不明白，先生们。是我们，他已经……

所有人（愤怒地）：没听说啊！

成员一：是的，他说在他办公室里不能容忍无礼！

一个成员：那么，他到底以为他是谁啊？难道他不是靠我们纳税的支持吗？毕竟，他只是一个公务员！他到底是为了什么啊？！

所有人：他不能容忍无礼？我们要到皇帝那儿去投诉他！

第三幕

这一幕表演现在正要结束。我们将及时通知读者，告诉他们这出维也纳戏剧的结果。如果有必要为前几幕增加新场景的话，他们都会得到相应的通知。

分离派展览馆, 1898 年
资料来源：范路摄

1900 年载于《新维也纳日报》的文章

ZWEI FEUILLETONS

IM "NEUEN WIENER TAGBLATT"

（1900）

我与梅尔巴同台演出（Mein Auftreten mit der Melba）[*1]

《新维也纳日报》（Neues Wiener Tagblatt），1900 年 4 月 20 日

[*1] 这篇文章对应于《言入空谷》德文第一版第 154-158 页的内容。内尔·梅尔巴（Nellie Melba，1861—1931 年），当时最著名的女高音歌唱家。她的艺名（Melba）源自她的出生地澳大利亚墨尔本（Melbourne）。1893—1910 年的许多演出季，她在纽约大都会歌剧院（Metropolitan Opera）献唱。
——英译者注

[*2]《纽约旗手报》（New-Yorker bannerträger [The New York Standard-Bearer]）。该报纸以及之后提到的两份报纸《纽约都市报》（New-Yorker Staatszeitung [The New York City Paper]）和《先驱晨报》（Morgenposaune [The Morning Herald]），可能是为在纽约的德国社区或德国犹太人社区发行的德裔美国人的报纸。在报纸中，我们已找不到路斯所叙述事件的标题或类似标题。他所提及的《卡门》的表演时间是 1896 年 2 月 3 日（而不是 1895 年）。
——英译者注

1985 年，我是《纽约旗手报》（New-Yorker bannerträger）[*2] 的一名境外记者，某天早上我在邮箱里发现了下面这张纸条：

我亲爱的先生！
明天上午 11∶00—12∶00 之间，请到编辑办公室来见我。
约翰·史密斯
《纽约旗手报》主编

我于指定时间来到了编辑办公室，主编问我：

"告诉我，L 先生，你能写音乐评论吗？"一开始，我想告诉他，我一点也不懂音乐，我只有集中全力才能区别高音谱号与房间钥匙。只是我扼杀了这个想法。当我来到这个新世界，我从一个精明的人那里听到了以下黄金规则："在美国，如果有人问你能否做这个或者做那个，你立即自豪而高兴地回答'是的'就行了！那么你就不会出错了。"

因此我说，"当然，史密斯先生，那正是我擅长的！"

"那最好了。你知道，著名钢琴学校的业主舒尔茨（Schulze）先生，给我们写音乐评论。但自从我们再没有收到免费歌剧票以后，亚历山大·诺伊曼（Alexander Neumann）先生就开始写歌剧评论直至今日，因为他熟悉几乎所有的包厢主。但诺伊曼先生要辞职了，他要跳槽到英文出版社。你来写歌剧评论怎么样？当然，我们只能给你买一张乐队演奏处的站席票来看表演。到出纳那里领取 1 美元 50 美分。明天就是这一季的开始。我们希望最迟在凌晨 1∶00 前看到你的报道。"

我离开了办公室。出纳给了我 1 美元 50 美分。我有些着急。这事似乎有点麻烦。我直接到了曼哈顿咖啡馆坐下来，仔细查看了所有报纸上的音乐评论。我很快意识到，最重要的是技术术语。这是令人印象深刻的东西。降 E 大调、三次拉弓的 C 调、对位法、力度变化、声音渐强。3 个小时后，我知道得够多了。我平静地期待第二天的到来。

邻桌的一个熟人站起来，付了钱，穿上外套。我们相互打招呼问候。"你好吗？你要去哪？""去大都会歌剧院"（Metropolitan Opera）。"去那儿干嘛呢？""我是那个文化机构正式雇用的龙套演员。是啊，你能做什么呢？在美国，人们必须抓住每个机会。"

出现后一句解释，或许是因为我做了个奇怪的表情。但我的奇怪表情却是由一个完全不同的想法引起的。我盘算着，如果我加入这个人，和他一起，会怎么样呢？那样，我就能省 1 美元 50 美分，而且依旧能看演出。此外：还能被允许登台当一个临时演员！谁不想这样做呢？！

因此我回应道，"你错了，亲爱的朋友；恰恰相反，我觉得你的工作令人羡慕。看来你不知道，我在维也纳宫廷歌剧院当了十年没有台词的临时演员！这就是我擅长的！你能不能带我一起去？"

我这位朋友屈尊俯就地笑了笑。"来吧，我试试看。"我们上了有轨电车，十分钟后到达了第 49 街和百老汇街的街角。在那里，他把我介绍给了临时演员的主管。

"你在军队里待过吗？"他问。

"当然，"我说，"我做了十年的军官。这正是我擅长的！"

"那你被雇用了。"然后他向后台喊道，"警卫齐了。"

很快我就明白他说的这些奇怪的话了。正在上演的是《卡门》（Carmen），在第一幕中，唐·何塞（Don José）带领的警卫完全由老兵组成。如何用脚后跟发出正确的"咔嗒声"带来了很大压力。我们很快组成了一支让每个人满意的警卫队，在我们 14 个人当中，有 11 个人以前是军官，部分来自德国军队，部分来自奥地利军队。我们经过完整的训练，在短时间内，警卫队列就能发出完美的咔嗒声了。

夜晚到了。让·德·雷斯克（Jean de Reszke）演唱何塞，他的兄弟爱德华（Edouard）演唱伊斯卡米洛（Escamillo），卡尔维（Calvé）演唱卡门，梅尔巴（Melba）演唱米凯拉（Micaela）。请允许我忽略细节。最重要的事情是表演结束时，让·德·雷斯克付了我们 10 美元。

表演结束了。我兴奋地赶去换衣服，领取我的报酬——50 美分——乘坐高架地铁赶到编辑办公室。在凌晨 1：00 前，我完成了手稿，满意地读着以下内容（我复述大意）："我们非常享受梅尔巴夫人的表演；她的上喉音停顿特别美，但是男低音，男低音！而且她的音域似乎扩展到了所有音阶。总而言之，响亮的中音与三次拉弓的 C 调形成了令人印象深刻的华彩乐段。"

确实是的，这是项成就。大量的技术术语肯定会给人留下深刻印象，不论好坏。

我自豪地回到家里，轻松快乐地进入了梦乡。第二天早晨——送报的男孩像往常一样将《纽约旗手报》放到门前——我大声地将我的杰作读给刚开始还在睡梦中的室友 N 男爵听。

这个男爵显然醒了。然后他说："我不知道我哪里不对劲。但我正听到一些十分奇怪的东西。或许我没睡好。给我再读一遍这个故事。"

我重新读了一遍。男爵的脸上慢慢显露出恐怖的表情。然后他大声喊道：

"噢，你个三次拉弓 C 调的可怜虫！你究竟干了什么！"简而言之，他辱骂我，还把我叫做白痴。

然后他一句一句地向我解释我的文章。我渐渐意识到，我欺骗了自己。我被压垮了。我不再敢到大街上去了。每个人都能从我脸上看出羞辱。然后是编辑——想到这儿，我脸都白了。

男爵早已离开去他的办公室了。我还一个人麻木地待在房间里。此时已经 11 ：00 了。报童送来了《纽约都市报》（New-Yorker staatszeitung）的晚报。我们的晚报直到上午 11 ： 30 才有。英文的晚报通常出现在日出之前。

我僵硬地拿起报纸。那——那是什么？！我兴奋地读起来：
"直率的拒绝！
《先驱晨报》（Morgenposaune）的拙劣乐评作家受到指责！！！
《纽约旗手报》取得的成就！！！"

这只是他们所说的美国新闻文体的"标题"。我往下读道，"我们已反复指出那个年轻人的愚蠢行为。他在《先驱晨报》上发表的音乐评论，表现出他对于音乐的一无所知，这伤害了曼哈顿岛上的整个德国人群体。这个可怜的三流写手玷污了德裔美国人的良好声誉。直到现在，我们已孤军奋战来讨伐这个人。今天我们能满意地说，《纽约旗手报》也已加入了这场战斗（尽管其业主属于希伯来教派）。来自这个勇敢报社的可靠同仁，他在其今天的歌剧评论中，极妙地模仿了那个人的拙劣方式。为了所有真正音乐之友的共同快乐，他公开暴露了自己，从而把自己交出去作为公众的笑柄。我们认为《先驱晨报》再也不能从这个打击中恢复过来了。我们忍不住要重印这篇歌剧评论，这篇我们读者眼中的讽刺杰作。"

我的文章附在下面。

一开始，我发酒疯似地狂舞了一番。然后，我匆忙穿上冬衣，冲向高架地铁，几乎用我的报纸敲坏了编辑的门。我手拿《纽约都市报》到处冲撞。约翰·史密斯主编吃惊地看着我。"什么，你还敢进我们的办公室？"他责骂我。我立即明白了状况。这个人明显还没有读《纽约都市报》的晚报。所以我傲慢地笑着说："我并不认为我们不得不向《先驱晨报》表示任何敬意！"

"我们关心那份破报纸干啥！你已经让我们看起来很荒唐了！"

"什么？你真是唯一还不懂得深刻讽刺的人？你似乎不明白，讽刺正是我擅长的。好吧，至少《纽约都市报》能更快地理解这一点。"

他读了这篇文章。我的读者将允许我省略描述这个人是多么惭愧。

第二天早上，我在《先驱晨报》上看到，"我们的音乐评论家已经辞职。"

那天早上稍后，我收到了一封厚厚的信。我满怀期望地打开这封信。我从中获知，纽约音乐评论家协会（New-Yorker Music Critics Association）已提名我为荣誉会员。

因此，通过我这第一篇也是最后一篇音乐评论，我得到了一些实际经验。这些是哲学家、文学史家或艺术史家永远也不可能相比的经验。对他们来说，每当记述绘画、建筑或是手工艺，技术术语总是好的。没有人会检查艺术评论家说的是"支柱"还是"构架"。"材料的适宜性"、"木工的"、"榫卯节点"、"斜边"以及类似的职业用语，他可在通篇评论中任意使用。他能冷静地宣称拉斯金(Ruskin)[*3]已经死了——即使他很幸运地在下个星期与文明世界的全体参与者一起庆祝拉斯金的 80 岁生日。他也能毫无恐惧地继续谈论这个艺术家，说他的光效应用特别成功：月光神奇地从敞开的窗户照进房间——即使那个假定的窗户是一面镜子，而月亮是反射的烛光。这些就是常常出现在美国报纸上的记述。而在音乐中，作家真有必要能读懂音符，理解什么是持续低音和对位法吗？

　　无论如何，这是不公平的，尽管这件事让我获得了好处。

[*3] 约翰·拉斯金（John Ruskin，1819—1900 年），英国作家、艺术家、艺术评论家。著有《现代画家》《建筑七灯》《威尼斯城的石头》等，是维多利亚时代艺术趣味的代言人。他是拉斐尔前派的一员，本身亦为天才而多产的艺术家。

对去除装饰的"补偿"，美国酒吧室内气氛，维也纳，1908 年
资料来源：Panayotis Tournikiotis, *Adolf Loos*.

我想给你讲一个可怜小富人的故事。他有钱，有家产，有一个忠诚且细心照顾他生意的妻子，有一群令其所有工人都羡慕的孩子。他的朋友也喜欢他，因为他干什么都能成功。但是现在，状况完全不同了。事情是这样的。

一天，他对自己说："你有钱和家产，有忠诚的妻子和令你所有工人都羡慕的孩子。但你幸福吗？看，有些人缺少你拥有的、让人羡慕的一切。但他们的烦恼被一位伟大的女巫所驱逐——她就是艺术。艺术对你来说意味着什么呢？除了艺术这个词语本身，你对她一无所知。任何有头有脸的人物能到你家亮出其名片，然后你的仆人飞奔过去开门。但是你还没有将艺术请进家门。我确定她将不会自愿登门。但我会找到她。她将会像皇后一样走进我家，并和我一起生活。"

他是个精力充沛的人；无论他想做什么事，他都会铆足劲儿干。人们对此都习以为常，因为他经营自己的生意就是这样。就在同一天，他找到一位著名的建筑师并对他说，"把艺术带给我，把艺术带进我家。花费不成问题。"

建筑师都没等他说第二遍。他走进这个富人家里，扔掉了所有家具，召集了一队人马，有铺拼花地板的人、树篱专家、漆匠、泥瓦匠、画工、木匠、水管工、陶匠、铺地毯的人、艺术家和雕刻家。很快，快得你都来不及眨眼，艺术就被逮住、围住，并很好地被保管在富人家的四面墙之内。

富人非常高兴。他非常高兴地穿过他的新房间。他目光所及之处都是艺术，艺术存在于每样东西和所有东西之中。当他握着门把手时，他就抓住了艺术；当他坐进扶手椅时，他就坐在了艺术上面；当他劳累后躺到枕头上时，他就把头埋在了艺术中；当他踏在地毯上时，他就将脚落到了艺术之中。他以巨大的热情沉迷于艺术之中。在他的餐盘经过艺术性装饰之后，他连切配洋葱的牛肉（*boeuf à l'oignon*）都要干劲十足地切两次。

他得到赞扬，被人羡慕。艺术期刊赞美他是艺术的主要赞助者之一；他的房间，被当作样板而复制，被人评论和解释。

这些房间也应该受到如此待遇。每个房间都形成了一部自身完整的色彩交响曲。墙壁、墙面装饰、家具和材料以最巧妙的方式协调起来。每个家庭物件都有其专门的位置，并以最好的方式与其他物件相融合。

建筑师没有忽略任何东西，绝对没有。雪茄烟灰缸、餐具、灯开关——每样东西，每样东西都是他做的。但这些不是普通建筑师的艺术；不是，主人的个性体现在每样装饰、每种造型和每个钉子上面。（这是一项对任何人来说都相当困难的心理上的工作。）

然而建筑师很谦虚，拒绝了所有的荣誉。"不，"他说，"这些房间根本就不是我的。那边角落里的雕像是夏庞蒂埃（Charpentier）做的。如果某人只因为用过我的门闩就试图冒充那个房间是他设计的，我会非常生气。同样，我也不会如此胆大妄为，说这些房间是我的精神财产。"他说出来的话显得崇高而有逻辑。许多木匠在房间里设计并布

可怜的小富人（Von einem armen, reichen Manne）[*1]

《新维也纳日报》，1900 年 4 月 26 日

[*1] 这篇文章对应于《言入空谷》德文第一版第 159-163 页的内容。

置了瓦尔特·克兰的挂毯，他们本想因此而得到称赞。如果他们听到这番话，就会羞于自己内心深处的黑暗了。

言归正传，让我们回到富人的话题。我已经说了他有多么开心。此后，他花了大量时间来研究他的家。因为他很快就认识到，他必须了解自己的家。有很多方面需要注意。每件陈设都有固定的地方。建筑师对他充满善意，考虑了所有的东西。甚至连最小的盒子都有一个专门的地方来放。

这个家很舒适，但主人却为它耗费脑筋。因此，在住户搬进去的前几个星期，建筑师对他们进行了指导，以免产生错误。富人尽了他最大的努力。但他会在左思右想后，把一本书放在用来搁报纸的隔间里。或者，他会把雪茄烟灰弹到桌面上用来放蜡烛台的凹孔里。一旦某人手里拿着件东西，这就开始了无止境的猜想和寻找物品正确摆放位置的过程。有好多次，建筑师不得不打开他的施工图来重新找到放火柴盒的地方。

应用艺术取得了如此大的胜利，应用音乐也不能落后。这个富人想到个主意。他向路面电车公司提交了申请，希望将无意义的铃声换成《帕西法尔》（Parsival）[*2]里的铃声主题。然而，他发现电车公司并不合作。他们明显还不能接受现代观念。作为替代，他得到许可，允许他自己花钱将家门前的街道重新铺装了一遍。这样，每辆车就被迫以《拉德茨基进行曲》（Radetzky marsches）[*3]的节奏颠簸驶过。他房间的电子门铃也是贝多芬和瓦格纳的音乐主题。所有著名的艺术评论家都赞扬他，认为他为"实用物品中的艺术"打开了一个新的领域。

人们可以想象，所有这些进步让他更加幸福。

不过，他希望家越小越好，这一定不是什么秘密。毕竟，忙于这么多艺术，他现在也想要休息一下。或者你能生活在画廊里吗？或者连续数月坚持听《特里斯坦与伊索尔德》（Tristan und Isolde）[*4]吗？那么！谁能责怪他在咖啡馆、在饭馆、在朋友或熟人那里恢复体力呢？这和他开始想的肯定不一样。但艺术需要牺牲。而他已经牺牲了这么多。他的眼睛变得湿润。他想起了许多他曾经喜爱并时常怀念的旧东西。那张大安乐椅！他父亲经常下午坐在上面打盹。那个旧钟表！还有那些画！但是：这是艺术所需要的。一个人必须要战胜软弱！

有一天，他庆祝自己的生日。他的妻子和孩子给他送了礼物。这些东西让他非常高兴，给他带来了真正的快乐。之后不久，建筑师到他家来照看东西的正确性，并为难题做决定。他走到房间里。房屋的主人愉快地接待了他，因为他想到了好多事。但建筑师并没有注意到其他人的喜悦。他发现了一些很不对劲的地方并脸色变白。"你穿的是什么样的拖鞋？"他脱口而出。

[*2]《帕西法尔》是理查德·瓦格纳创作的一部三幕歌剧。该歌剧参考了沃尔夫兰·冯·艾森巴赫（Wolfram von Eschenbach）的《帕西法尔》（Parzival）。后者是 13 世纪的一部关于亚瑟王的武士帕法西尔及其寻找圣杯故事的史诗。

[*3] 由老约翰·施特劳斯（Johann Strauss the Elder）于 1848 年创作的一首曲子。该曲子是为了纪念当时最受欢迎的奥地利指挥官陆军元帅拉德茨基（Field Marshal Radetzky）而创作。——英译者注

[*4]《特里斯坦与伊索尔德》是理查德·瓦格纳创作的一部三幕歌剧。这部歌剧是瓦格纳根据戈特弗里德·冯·斯特拉斯堡（Gottfried von Strasbourg）的史诗及中世纪传说改编而成，是一部关于爱情神话的爆发、高潮与终结的作品。它是对所有歌剧传统的颠覆，也由此开创了音乐领域中的全新思维。

房屋的主人看看他这双绣花的鞋子，但他松了一口气。这次他感到完全无辜，因为这双鞋子是根据建筑师的原始设计制作的，所以他以一种高高在上的口吻答道，"但是建筑师先生，难道你已经忘记了？你自己设计了这双鞋子！"

"当然，"建筑师大声嚷道，"但这是为卧室设计的。这鞋子上的两块色斑令人无法忍受，它们破坏了这里的整体气氛。你没看到吗？"

房屋的主人确实看到了。他迅速脱下鞋子，并为建筑师没有发现他的袜子也同样令人无法忍受而极度高兴。他们走进卧室，在那儿，富人被再次允许穿上鞋子。

"昨天，"他开始犹豫不决地说，"我为自己庆生。我的家人送了我大量礼物。我叫过你，我亲爱的建筑师，这样你就能给我们一些建议，看看我该如何最佳地摆放这些东西。"

建筑师明显拉长了脸。然后他爆发了，"你怎么能允许自己接收礼物？难道我没为你设计所有的东西吗？难道我没考虑到所有的东西吗？你不再需要任何东西了。你是完整的！"

"但是，"房屋的主人回应道，"那总该允许我为自己买东西吧！"

"不，不允许！永远也不许！这就是我需要你做的！还有我没为你设计的东西吗？难道我没有足够让步，允许你摆放夏庞蒂埃的雕像？那个雕像已经夺去了我作品的所有荣耀！不，你不能再买其他东西了！"

"但是，如果我的孙子将他在幼儿园里做的东西给我呢？"

"那你也不能接受！"

房屋的主人被镇压了。但他仍未放弃。一个想法，是的，一个想法！

"那如果我想给自己买一副分离派的绘画呢？"他得意扬扬地问。

"那就试着把它挂在什么地方吧。难道你没看见房间里已经放不下其他东西了吗？难道你没看到我已经为你挂了每一张画，为它们在隔断或墙壁上都设计了画框吗？你甚至不能移动这些画。试着为新画找个地方放吧！"

然后富人开始变了。突然间，这个快乐的人深深地感到不快乐起来。他想象到了自己以后的生活。没有人能获得允许来给予他快乐。当他路过城市中的商店，他将不得不克制所有的欲望。不再有什么东西适合他了。他亲爱的人也不能得到允许送他一幅画了。对他来说，将不再有画家、艺术家和工匠为他服务了。他被禁止投身于所有未来的生活、奋斗、发展和欲望之中。他觉得，这意味着他将过上行尸走肉般的生活。确实如此。他完了。他完整了！

莫勒住宅室内，1929–1930 年
资料来源：Alan Colquhoun. *Modern Architecture.*

第二版新增加的文章

路斯给自己设计的墓碑草图，1931 年
资料来源：Panayotis Tournikiotis, *Adolf Loos.*

谁不知道波坦金的村庄，凯瑟琳（Catherine）狡猾的亲信在乌克兰建造的那些村庄？[*2] 这些村庄由画布和纸板建成，试图为尊敬的女皇陛下将视觉的沙漠变成繁荣的景观。但是，那个狡猾大臣想要建造的是一整座城市吗？

的确，这类事情只可能在俄国发生！

但我在这儿想说的波坦金城，正是我们亲爱的维也纳。这是一个艰难的指责；我也很难成功地证明这一点。因为想要这样做，我就需要有很强正义感的听众。但很不幸，现在在我们的城市里，几乎找不到这样的听众。

任何想装得比他原本更好的人都是骗子；即使没有伤害到别人，他也应该受到大家的鄙视。但如果有人想通过假珠宝和其他仿制品来达到这种效果呢？在有些国家，这类人会遭遇到相同的命运。但在维也纳，我们还没这么做过。只有一小群人才感觉这种行为是不道德的，认为他们被欺骗了。但是今天，人们不仅戴假表链，不仅用家中的仿制家具（住宅里全是仿制品），人们甚至还将自己居住的房子变成仿制品。每个人都想以此让自己比原本的显得更体面些。

每当我沿着环城大道散步，我都觉得，似乎现代的波坦金想要在这里执行他的命令，仿佛他想使一些人相信：如果来到维也纳，那么他就被带进了一个只属于贵族的城市。

只要是文艺复兴时期意大利建造的贵族宫殿的所有建筑类型都被盗用了，这仿佛是通过魔法而为平民陛下幻想出一座新的维也纳城。这是一座只为有财力占据从基石到檐口线一整座宫殿的人居住的新维也纳城。底层是马厩；顶棚低矮的中间夹层住着仆人；上部第一层富丽堂皇的建筑，是宴会厅和礼仪房；再上面是供居住和睡觉的地方。维也纳地主非常享受地拥有这样的宫殿；房客也喜欢住在里面。住在宫殿最顶层只租了一个房间和一个卫生间的普通人，不论何时从外面观看他居住的这幢建筑，都会感到很有福气，能被这种封建地主的富贵大气所征服。仿制钻石的主人不会喜爱地凝视着这块闪闪发光的玻璃？哎，真是自欺欺人！

我将虚假意图归咎于维也纳人，这肯定会遭到反对。有责任的是建筑师；建筑师不该这样建造房屋。我必须为建筑师辩护。因为每个城市都有其应有的建筑师。供需关系控制着建筑形式。那些作品最符合大众意愿的建筑师将会获得最多的建造机会。最有能力的建筑师可能到死也无法获得一个委托任务。而其他的建筑师，则创建了追随者的学校。然后人们以某种方式建造房屋，因为他们已经对此习以为常了。他也必须这样建造。建筑投机商最想将其建筑立面从上到下全部涂上灰泥。这样花费最少。与此同时，他将会以一种最真实、最正确、最艺术的方式来表演。但人们不会想搬进这种建筑里去。因此，为了能将房屋租出去，地主被迫在外面再钉上一种独特的立面，并只有这种立面。

波坦金城[*1]

《圣春》（ *Ver Sacrum* ），1898 年 7 月

[*1] 这篇文章系《言入空谷》德文第二版新增内容。

[*2] 格利高里·亚历山德罗维奇·波坦金（Grigori Aleksandrovich Potemkin，1739—1791 年），俄国陆军元帅及凯瑟琳二世的亲信。他在新征服的克里米亚（Crimea）假造了一些村庄，为了让1787年到此地访问的女皇看到一种繁荣的景象。

是的，确实是钉上去的！因为这些文艺复兴风格和巴洛克风格的宫殿实际上并不是由其表面模仿的材料建造而成。有些房子假装它们是由石头建造的，像罗马风格和托斯卡纳风格的宫殿；其他的房子假装是由装饰灰泥建造的，像维也纳巴洛克风格的建筑物。但它们都不是。它们的装饰细部、枕梁、花形装饰、涡卷装饰、齿状装饰都是钉上去的灌浆水泥。当然，这种在 19 世纪首次使用的技术也是完全合理的。但不应该利用它来模仿其他独特材料的形式，只因为这没有任何技术难度。艺术家本应该为这种新材料寻找新的形式语言。所有其他的形式都是模仿。

但对上一个建筑时代的维也纳人来说，这一点也不值得担心。实际上，他感到很高兴，能用这么便宜的材料来模仿很经典的昂贵材料。他就像真正的暴发户一样，认为其他人注意不到这种诡计。暴发户总是会有这样的想法。首先，他相信假的衬衫衬胸、假的毛领以及他周围所有的仿制物品都能完美地发挥作用。只有那些地位比他高的人，那些已经经历了暴发户阶段并且这样做过的人，才会嘲笑他这种没有用的努力。暴发户的眼界及时地打开了。首先，他发现了一个他朋友们使用的仿制物品，然后他又发现了一个他以前认为是真的的东西。接下来，他只好认命，自己也放弃了这些仿制品。

贫穷并不可耻。不是每个人一来到这个世界上都是封建地主。但对别人伪装成地主则很荒谬和不道德。毕竟，难道我们应该为与其他同阶层的人一起住在租来的公寓里而感到羞耻吗？难道我们应该为使用不起昂贵的建筑材料而感到羞耻吗？难道我们应为自己是 19 世纪的人，并且不想住在旧式风格的建筑里而感到羞耻吗？如果我们不再为这些感到羞耻，你将会发现，我们很快就会有适合我们自己时代的建筑。总之，这就是我们所拥有的，你会反对。但我指的是可以公平地传给子孙后代的建筑风格，一种即使在遥远的将来还会让人感到骄傲的建筑风格。但在 19 世纪的维也纳，我们还没有发现这种建筑风格。

无论人们试图是用画布、纸板和颜料来创造快乐农夫居住的小木屋，还是用砖头和灌浆水泥来建造看起来像封建地主居住的石头宫殿，原理都是一样的。在 19 世纪，波坦金的精神已经在维也纳建筑的上空盘旋。

本书包含的文章是我在 1900 年及之前的一段时期内所写成。在那个时期，我思考了很多问题。我把那些思考记录下来是为了日后对自己有所启发。而在我学生的一再坚持要求下，我才同意把那些文章结集出版。

建筑师海因里希·库尔卡（Heinrich Kulka）是我的忠实学生之一，他筹划了本书的第一版。在 1920 年，没有德文出版社敢于出版该书。因此，它最早是由乔治斯出版公司在巴黎出版。或许这是近百年来唯一一本以德语写成，但却在法国出版的著作。

在第二版中，我在保持原意的基础上，对书中文章的风格和内容进行了修改。此外，我还增加了一篇文章"波坦金城"。

书中名词的首字母没有大写 [2]，这或许会使读者有些恼怒。不过雅各布·格林（Jacob Grimm）[3] 已表明这种书写方式是使用罗马字体的结果；而他的学生（所有之后的德语专家）此后都只用这种方式出版。

我在此引用了格林在其德语词典前言里面的几句话：

"早先，所有的书写都是以大写字母书写的形式出现，这是模仿刻在石头上的效果。后来为了在草纸和羊皮纸上快速地书写，字母被减小尺寸且相连，而小写字母的一些特性也多少由此产生。大写字母扭曲变形的形状是演变自用画笔手写的首字母……在拉丁文著作中，专有名词和首字母用大写的形式来强调。这种做法沿用至今以帮助阅读。在 16 世纪，出现了滥用大写的情况，强调的范围被扩大，所有名词的首字母都被大写。这种滥用一开始是暂时的，但最后就变决然的了。因此，就失去了之前的优点，专有名词混在大量名词中间而无法被分辨。由于大写字母占用的空间是小写字母的二至三倍，书写从整体上开始变得花哨而难以辨认。书写的简明灵巧（简明灵巧从来都不是德语的长处）让步于这些笨拙而傲慢的字母。在我看来，这种变态的书写方式（德文尖角字体 [Fraktur][4]）和无目的地增加大写字母之间，无疑有着本质的联系。作家在这些文字中寻求想当然的装饰，并通过书写它们来获得乐趣，因为它们看上去华丽而繁复……

一旦整整一代人都采用了这种新的书写方式，便没有一个声音会出来捍卫传统的书写方式……如果我们已经去掉了房子上的山墙和凸出的橡子，如果我们已经去掉了头发上的香粉，为何我们还要保留书写中的这些垃圾？"

我相信格林的观点很快将会被所有的德国人接受。除了德国的神，我们还有德国的笔迹。这两者都是错误的。就在同一段中，格林还说道，"很不幸的是，无味和堕落的笔迹（德文尖角字体）成了'德国人'的标志，似乎我们所有流行的滥用都应该先天地被打上'德国的'印记，因此都该被称赞。"

后记（Nachwort）[1]

[1] 后记对应于《言入空谷》德文第一版第 165 页的内容。路斯将其修改后作为德文第二版的前言。

[2] 德语的普通名词通常是首字母大写的。——英译者注

[3] 雅各布·格林（Jacob Grimm, 1785—1863 年）是德国的语言学家。他与其兄弟威廉（Wilhelm）共同编著了《格林童话》（Grimm's Fairy Tales）。他还写了大量关于德语语法的著作，并创编了德语的《格林字典》（Grimm Dictionary）。在该字典中，所有非专有名词的首字母都是小写，甚至每句开头单词的首字母也是小写（路斯在本书的写作中并没有参照后一条）。——英译者注

[4] 一种类似英文哥特字体（Gothic）或古代黑体字的德文字体。——英译者注

所有这些“德国性”（Germanness）的神圣人工制品都是外来物。它们成为德国的是因为当其来到德国的领地便被打击得瘫痪并不能再变化。它们都应该同垃圾一起被抛弃。作为一个德意志人 *5，我反对所有已被其他人民所抛弃而在其后只被称作是德意志人的东西。我反对那道不断被加重的、矗立在德意志人和人类其他民族之间的阻隔。

对名词首字母大写的刻板坚持将语言带回到了原始状态。这种状况源自德国人观念中书写与口语之间的鸿沟。人们无法发声念出大写字母。我们每个人在说话时甚至都不会想到大写字母。但是当德国人提起笔时，他便不能再像其思考和说话时那样书写。书写的人不能说话；说话的人不能书写。最终，德国人两样都不能做到了。

1921 年 8 月于维也纳
1931 年 7 月于巴黎

阿道夫·路斯

*5 现在的德国人和奥地利人都是一个民族。他们原来都属于神圣罗马帝国，都是德意志人。在 1867 年奥匈帝国成立和 1871 年普鲁士统一德国之前，奥地利和普鲁士都是德意志联邦的诸侯国。——中译者注

译后记
范路

在现代建筑运动中，奥地利建筑师、理论家阿道夫·路斯是一个独特的人物，人们对他的态度充满矛盾。英国建筑历史学家佩夫斯纳（Nikolaus Pevsner）认为路斯在现代建筑历史中是一个含混、矛盾，甚至谜一般的人物。路斯之所以如此独特，是因为其思想不同于当时所有的主要建筑流派——既不同于折中主义保守派，也与著名的维也纳分离派和德意志制造联盟观点相左，甚至有别于后来继承他思想的纯粹主义现代派。而正是这种独特的理论立场，使其处于"空谷"的处境。

路斯在世时只出版过两本文集：《言入空谷：1897—1900年文集》（Ins leere gesprochen，1897—1900）和《尽管如此：1900—1930年文集》（Trotzdem，1900—1930）。路斯的大部分文章都是为了报纸和期刊专栏而写，因此两本文集中收录的文章并不能构成系统的建筑理论。路斯以一种轻松的方式写作，文风近乎口语，因此按顺序阅读文集中文章时，常常会有断裂和前后矛盾的感觉。此外，由于出版的原因，路斯的许多文章都是在脱离语境的情况下发表，而这进一步导致了人们对路斯思想的误读和片面理解。路斯当时之所以将两本文集命名为《言入空谷》和《尽管如此》，就是为了表达他对被忽视、误解以及攻击的某种无奈和不屈服的坚持及反抗。

《言入空谷》收录了路斯为1898年维也纳纪念博览会（Vienna Jubilee Exhibition of 1898）所写文章和同时期其他一些评论。该展会为期6个月，在维也纳普塔特尔公园内的圆厅展览馆及其周围举行。维也纳举办这次纪念展会是为了纪念约瑟夫·弗朗茨皇帝（Franz Joseph）加冕奥地利王位50周年；为了让其他国家了解奥地利在工艺上生产能力的高水准及在19世纪下半叶取得的巨大进步，并同时让维也纳人欣赏自己"在过去50年中取得的但关注甚少的成就"。而路斯却在《新自由报》（Neue Freie Presse）上针对这次展览及其体现的社会文化问题进行了尖锐评论。由于与当时社会主流有矛盾，《言入空谷》这本文集直到1921年才在巴黎出版。路斯在前言中提到："在1920年，没有一家德文出版社敢出版该书。这或许是过去数百年中唯一一本用德文写成，但却首先在法国出版的书。"[*1] 该书的第二版于1932年由因斯布鲁克的勃伦纳（Brenner）出版社出版。第二版重新调整了文章的顺序并增加了路斯在1898年发表的文章《波坦金城》。该文集中的著名文章除了新增的那篇，还有《饰面原则》和《可

<hr/>

[*1] Adolf Loos. Foreword. In: Adolf Loos. Spoken into the Void: collected Essays 1897-1900, translated by Jane O. Newman and John H. Smith [M]. The MIT Press, 1982. p.2.

怜小富人的故事》。

从社会文化角度来看，建筑相较于日常生活用品，消耗社会资源更大，演化发展则稍慢一些。在当时各种建筑现象纷杂的维也纳，路斯正是跳出建筑专业的局限，从宏观社会文化和日常生活的出发，反思现代建筑的发展方向。他于 1908 年发表的著名文章《装饰与罪恶》被先锋派广为引用，成为现代建筑宣言之一。《装饰与罪恶》收录于路斯的第二本文集《尽管如此》，但《言入空谷》却是理解路斯思想的最好线索。在该书中，路斯讨论了从字体、时装、服饰、家具、建材到水管工、豪华车等各种日常生活物品在 19—20 世纪之交时的发展演化。而他正是通过观察这些文化产品，得出去除建筑装饰的结论：**"我发现了下面这个事实并愿公之于众：文化的进化即等同于在日常生活物品中去除装饰。"**[*2] 路斯指责他的同代人通过在家具、建筑和服装上使用装饰来掩盖他们文化和社会状况的平庸；指责他们不仅误传古代的原则，而且伪装他们的身体，用"借来"的装饰贴在事物表面——为了将他们的文化沙漠伪装成繁荣的国度。面对虚假的文化，路斯推崇当时的英美文化，一种将日常用品的实用性和美学相结合的精神。

路斯的文章观点尖锐、激烈且矛盾。但它们却充满文采，以幽默讽刺的方式，从宏观文化批评角度剖析建筑等各个领域的问题。一些学者甚至认为他抓住了那个时代转瞬即逝的某些本质特征，是那个时代最伟大的作家之一。勒·柯布西耶曾深受路斯的影响，认为他就像荷马一般，用其思想和实践创造了现代建筑的史诗。[*3] 而弗兰姆普敦（Kenneth Frampton）认为路斯的独特性使其不仅"孤立于分离派和他的保守的同时代人之外，而且孤立于他真正的继承者——后来的'纯净派'，他们直到今天还未能充分理解他见解的深刻。"[*4] 从今日的眼光来看，无论是现代建筑先锋还是现代的古典主义者，任何简单、抽象的称号都已无足轻重。而路斯的真正价值，在于他百年前面对现代社会和建筑困境的宽阔视野和清醒揭示，在于他当年的努力依旧启示着我们今天的探索。

《言入空谷》中译本根据是其德文第一版，翻译时主要参考了 J.O.Newman 与 J.H.Smith 的英译本，并按其德文第二版增删了内容；还引用了英译本中的英译者注与部分路斯作品插图；为了有助于读者更一进了解路斯，书前放入一篇我写的有关路斯的文章。凡有不当之处，请读者指正。

[*2] 这句话在《装饰与罪恶》一文中是唯一的斜体，它限定了文章目的是要去除功能性物品的装饰，并作为反对分离派的宣言。Adolf Loos. Ornament and Crime (1908). In: Yehuda Safran and Wilfried Wang (editor). The Architecture of Adolf Loos : An Arts Council exhibition [M]. London: Arts Council of Great Britain, 1985. p.100.

[*3] Yehuda Safran and Wilfried Wang. Preface to the Second Edition. In: Yehuda Safran and Wilfried Wang (editor). The Architecture of Adolf Loos : An Arts Council exhibition [M]. London: Arts Council of Great Britain, 1985. p.5.

[*4] 肯尼斯·弗兰姆普顿. 现代建筑：一部批判的历史 [M]. 张钦楠等译. 北京：三联书店，2004. 第 92 页。